把东京厨房搬回家
日本女人吃不胖

JAPANESE WOMEN DON'T GET OLD OR FAT

〔日〕森山奈保美　著
〔美〕威廉·道尔

有印良品　译

人民文学出版社
PEOPLE'S LITERATURE PUBLISHING HOUSE

著作权合同登记号　图字 01-2018-0856

Japanese Women Don't Get Old or Fat
Copyright © 2005 by Naomi Moriyama and William Doyle

图书在版编目(CIP)数据

把东京厨房搬回家. 日本女人吃不胖/(日) 森山奈保美,(美) 威廉·道尔著;有印良品译. —北京：人民文学出版社,2018
（幸福关键词）
ISBN 978-7-02-014008-4

Ⅰ.①把… Ⅱ.①森… ②威… ③有… Ⅲ.①饮食-文化-日本 Ⅳ.①TS971.231.3

中国版本图书馆 CIP 数据核字(2018)第 058751 号

责任编辑　朱卫净　张晓清
装帧设计　钱　珺

出版发行　人民文学出版社
社　　址　北京市朝内大街 166 号
邮政编码　100705
网　　址　http://www.rw-cn.com

印　　刷　山东临沂新华印刷物流集团有限责任公司
经　　销　全国新华书店等

开　　本　890 毫米×1240 毫米　1/32
印　　张　7
字　　数　156 千字
版　　次　2018 年 8 月北京第 1 版
印　　次　2018 年 8 月第 1 次印刷

书　　号　978-7-02-014008-4
定　　价　35.00 元

如有印装质量问题,请与本社图书销售中心调换。电话:010-65233595

献给家人，特别是我们的父母：千鹤子，镇雄，玛丽露和比尔

目　录

导读	1
第一章　妈妈的东京厨房	9
第二章　在日本的柑橘丛林里	25
第三章　妈妈东京厨房之七大秘密	30
第四章　如何开启你的东京厨房　是的，你也可以在家做	57
第五章　日本家常菜的七大支柱	106
第六章　武士餐	195
结语　大食祭	205
索引	210
参考信息	211
菜谱索引	215
致谢	217
关于作者	219

导 读

我想（变得）更健康。

我想把自己照顾得更好一点儿。

我得开始吃得健康一些，再不想那些意大利面了。

我得开始吃吃日餐了。

——鲍勃·哈里斯（由索菲娅·科波拉导演，
比尔·穆雷饰，于《迷失东京》中言及）

有那么一片土地，那里的女人们就是活得比这地球上任何其他地方的女人长。

这里的肥胖病患者比例在发达国家中占比最低。

这里的女人，40 岁看上去像是 20 岁。

在这片土地上，女人们享受着世上最美味的食物，然而肥胖者的占比却仅有 3%——比法国女人占比的 1/3 还低……也比美国女人占比的 1/10 低。

这个国家的女人对享受生活着了迷——但她们也深谙"吃得健康"的艺术。它是高度工业化的国家，是世界第二大经济体。

它就是——日本。

那里发生着好些令人难以置信的事儿。

日本和全球性肥胖病

如今，整个世界都在经受着肥胖病危机的考验，这让几亿人苦不堪言。

2004年，世界卫生组织（WHO）宣布面临"全球性肥胖病"的危机，大约有10亿成年人体重超标，这10亿里至少有3亿为肥胖者，肥胖的定义是身体质量指数（又称身高体重指数，BMI，Body Mass Index）超过30。肥胖病，正如世界卫生组织所言，是"加重全球慢性病及残障负担的主要因素（罪魁祸首）"。

世卫组织指出，肥胖病快速席卷了美国、西欧，并且正在往东欧、拉丁美洲、中东各国，以及发展中国家渗透蔓延。"它是全球性的，"世卫组织国际肥胖病特别工作组政策执行官内维尔·里格比（Neville Rigby）谈道，"它已然变成全球流行病了，确实如此，大流行病。"

关于以肥胖病为诱因导致的死亡病例，科学上对其具体数字存在争议，但鲜有争议的是，肥胖病已经成为公共健康之危机。

这样的信息旨在警示人们，然而，还有更糟的：

- 惊人的数字显示，美国成人女性中有34%为肥胖者。美国男性、英国和德国成人男女中，均有超过两成的人属于肥胖人群。
- 肥胖病在法国人中的占比从1997年的8%左右攀升至2003年的11%，增幅近4成。

- 美国国立卫生研究院评估显示，国家要为肥胖病患及超重者耗费大约 1170 亿美元用于直接的医疗开销及其他间接开销，比如因病导致的失业问题——这比现时联邦政府对国土安全方面的预算花费要高出两倍多。
- 2005 年 6 月 2 日，美国国家疾病控制与防护中心主任，医学博士茱丽·路易斯·格尔贝丁（Dr. Julie Louise Gerberding）发表简报，将肥胖症列入引发高血压、糖尿病、肾衰竭、结肠癌、绝经后乳腺癌，以及呼吸系统疾病的高危因素，也会引发分娩及胎儿早产的问题。
- 加利福尼亚州预计，每年仅仅花在与肥胖病相关的费用就将近 217 亿美元，加州卫生及公共服务部秘书长于 2005 年断言："肥胖症流行病不仅仅是公共健康危机，也是一场经济危机。"
- 美国患肥胖症的儿童人数在 25 年间涨了 3 倍。"太出乎意料了，"得克萨斯州儿童医院药房主任威廉·科里士博士（Dr. William Klish）在 2005 年早些时候接受美联社采访时说，"60 年代和 70 年代初期，我们没有见过 II 型糖尿病发生在孩子身上，这种病只有成人会患，可现如今，患这种糖尿病的儿童病例，我们常常会碰到。"
- 在澳大利亚，外科医生一直在与儿童胃束带减肥手术的强烈需求做斗争。"把肥胖症称为'流行病'，我觉得这种说法太客气了。"乔治·费尔丁博士（Dr. George Fielding）在 2005 年澳大利亚皇家外科医师学会大会上说。他更愿意叫它"瘟疫"。12 至 14 岁的少年儿童"得了他们爷爷奶奶那一辈才会得的这种病，"他指出，"他们罹患糖尿病、高血压、睡眠中呼吸暂停，还有心脏病的概率，在 10 年前是难以置信的。"

- 飞机制造商波音公司正在重新调整机械设计，以期应对"重量级"客人及因此产生的高油耗成本。计划于 2008 年设计完成的波音 7E7 飞机，其特色是加宽的过道和座椅，还有新型结构设计材料，用波音公司发言人的话说是以此来"应对分量不断增重的旅客"。

但在全球肥胖症危机当中，日本已经打定主意去成为——用几个关键标准来说吧——世界上最健康的国家。

发达国家中日本肥胖病患病率最低。

肥胖病指的是身体质量指数为 30 或 30 以上的人群。下面这组数据显示了不同发达国家中成人肥胖的百分比。

成人肥胖比例（%）

	男	女
希　腊	27	38
美　国	28	34
英　国	22	23
德　国	22	23
澳大利亚	19	22
加拿大	16	14
法　国	11	11
意大利	9	10
日　本	3	3

日本女人堪称世界长寿冠军。

日本已经成为"不死女"之国。据 2004 年美联社的报道,"日本创造了新的世界最长寿纪录,并将该头衔生生保持了 19 年"。《经济学人》杂志最近也宣布说:"日本人的预期寿命近 20 年来稳居世界最高,并将持续居高不下。"再来看一眼世界卫生组织近来公布的数字:

出生时预期寿命
（以年计）

	女性	男性	男女平均值
日本	85	78	82
意大利	84	78	81
澳大利亚,瑞典,瑞士	83	78	81
法国	84	76	80
西班牙	83	76	80
加拿大,冰岛,以色列,新加坡	82	78	80
新西兰,挪威	82	77	79
奥地利,德国,卢森堡	82	76	79
比利时,芬兰	82	75	79
希腊,马耳他,荷兰,英国	81	75	79
塞浦路斯,爱尔兰	81	76	78
美国	80	75	77

日本人不仅仅长寿,他们还很健康。

据《华盛顿邮报》的新近报道:"日本人不但长寿,而且从统计学来看，他们还很健康。现今典型的日本老人至少到 75 岁仍旧保持着相对很好的身体健康水平。"另据世界卫生组织最新的"人类健康预期寿命"数据——也就是上面那个数据对照表——估算的关于*健康*，无残疾预期寿命的一组平均值为：

- 日本女性被认为出生时的健康预期寿命凌驾这世界上 192 个国家的男男女女：健健康康的 77.7 年。
- 与其他 192 个国家的男性相比，日本男性的健康长寿年份位居第一。
- 日本人的健康长寿领跑全世界，比法国人、德国人多 3 年，比英国人多 4 年……比美国人——排在世界第 23 位——多 6 年。

日本人虽摘得世界长寿桂冠，但在医疗保健上却花费甚少。

每年每人在医疗卫生上的支出
（以美元计）

美国	5707
德国	3849
法国	3601
英国	3224
日本	2839

上述所有均指向一个人们感兴趣的问题，这一问题也可以被称为"日本悖论"：在工业化的社会中，日本人是如何做到既能尽享美食，又能保持世界最低肥胖率的呢？并且还是地球上活得最久的？

专家们给出了一系列原因，包括生活方式，稳固的社交与心灵上的维系。也有一些专家觉得带来如此效果的日本人的生活方式中有一个很重要的因素：日常饮食。"我认为亚洲国家的饮食或许是世界上最健康的饮食，"加利福尼亚州预防医学研究院院长迪恩·欧尔尼什博士说，"我们发现的可预防前列腺癌的饮食确确实实就是建立在亚洲饮食基础之上的。你说它是日本的也好，说它是中国的也好——主要就是自然原产的各种水果、蔬菜、谷类、豆类、大（黄）豆制品；想预防心脏病的人们，还可以再来一点鱼——不作为主菜，只是作为调剂。"

日本家常菜

对于日本悖论的一个很好的回答是——事实上，东京厨房里也有小花招——日本的居家饮食，我妈妈——当然也是成千上万的日本妈妈——备餐中包含的各种各样的好食材。这就是我想在这本书里告诉你的。

无论如何，这不是本减肥食谱。

这也不是教你怎么做寿司的书。

妈妈并不常常做寿司，我呢，我是完全不做的。我很喜欢吃寿司，但还是把它留给专业的师傅们去做吧。

换句话说，这不是一本写日本餐厅美食的书。

它是介绍在家吃饭的一种全新方式的书——介绍日本家常菜。虽然跟日本餐厅的菜式还是有一些重复的地方，但是日本人在家里每天吃的很多东西都和餐厅里点的不一样，并且做法简单……做起来比你们想象的还容易些。

本书旨在探索日本日常居家饮食中的乐趣。

本书还探讨了世界上众多长寿学和肥胖病专家学者的观点，关于日本的饮食习惯如何有效保障了日本人民身体健康这一主题，他们给出了各自的见解。

　　最后，这本书还会教你一些传统日本菜的做法，日本的主妇们怎么做给她的家人吃，这里就怎么教给你。书中还会解释一些基本常识，在《如何开启你的东京厨房　是的，你也可以在家做》那一章节，我会具体说说使用到的必要的基本食材。（请记得，如果哪天你再见着配料表上那些你不认得的东西，关于它们是什么，能从哪里找到，就会手到擒来。）

　　我想你们都可以开始做日本家庭料理了，而且我相信大家一定会做得很棒。

　　你们在做日本菜的时候，有一件事我特别确定——

　　你会感觉棒极了。

> 　　漫步东京或日本的其他城市，你几乎会立刻注意到，日本人是那种看上去特别健康有活力的民族……日本人患上中风、乳腺癌、前列腺癌的概率比较低。从更表象一点的层面上来说，他们看上去，一般来说，至少都要年轻10岁。个个的眼睛都十分明亮，皮肤都很润泽，头发都十分光彩照人。
>
> ——凯丽·贝克，记者

第一章
妈妈的东京厨房

人们欢聚一堂；

吃的喝的丰盛。

只为辈辈相传，

日日繁荣昌盛，

直至千秋万代，

永世不绝荣光。

——日本古代祝词

我妈妈，千鹤子，一直从东京给我发邮件。

她用手机给我发邮件——在厨房忙乎或者逛杂货店时给我发，在网上买演出票时也给我发，就是在东京哪一站等地铁的当儿也给我发。

她想知道我跟我先生比利过得好不好，什么时候过去看她，还有就是，我们吃的是什么。

为了帮助我们完成这本书，她一直给我们发来邮件和传真，告诉我们她的独家菜谱和烹饪小窍门，时不时还会画几张蔬菜小图，比如堆成山的土豆。她是无师自通的日本家常菜大师，做菜从来不看任何烹饪做法指南。"都在我脑子里头记着呢。"她是这么解释的。

像其他好多妈妈一样——不管是日本的还是世界各国的——她一直致力于为家人奉献所有，给家人以最健康最美味的食物，尽她所能——这是她对我们表达爱意的一种方式。

在我看来，她做饭不仅仅是示爱，还是日本女人比世上其他人活得长活得健康的最好的标识符，也是日本女人（还有她们的丈夫）有如此之低的肥胖率的原因。

关于如何把那些统计数字付诸实际生活中，我先生和我都有一肚子的话要说。

先说比利的故事好了。好几年前我们在父母东京的公寓待了一周，完全沉浸在——对比利来说，这可是破天荒头一回——妈妈做的美食中。我在以往的很多年间回过东京多次，有时出差，有时探亲，但是回去时通常都住酒店，比如凯悦（正是索菲娅·科波拉"迷失东京"的所在）。这次我们选择不住酒店了，因为我爸爸妈妈坚持让我们回家住。

对我来说，在妈妈东京厨房那一周的生活，无疑重新唤起我对年轻时光浓香四溢的美味回忆，也就是我 27 岁搬到纽约之前的那些时光。对比利来说呢，这一周给了他前所未有的新感受。

之前，比利和我来过一次东京，但那次旅行我们各有各的公干，又在城中不同的地区，当时我们住的是个西式酒店，可我太忙太忙了，根本没时间向他介绍东京美食——在他看来那些美食全然"老外"，并且也挺吓人的。

比利饿着个肚子，糊里糊涂地在东京大街上溜达。

他从店家的玻璃窗看进去，盯着拉面和餐盒——一头雾水。对要点什么和怎么点，他一点儿主意也没有。吃食看着很奇怪，餐牌也跟天书一样费解难懂。

满世界净是食物——可对他来说这些食物似乎吃不着。

所以他直接奔向了麦当劳，差不多天天都跟巨无霸、奶昔、薯条之类的食物打交道，这是他后来招认的。

4天东京之行结束时，他感觉糟透了，还胖了5磅。

不过后来这次的东京之行，在我妈妈东京厨房杯盘堆砌的食物轰炸之下，比利疯狂地爱上了日本家常菜。等再回到纽约时，他仍旧只吃日本菜。

我们俩一致认为，正是东京的那一周点燃了我们对日式家常餐饮的某种热忱。

那趟旅行之前，我们严重依赖外卖、冷冻食品，常常出去吃……跟别的纽约工作狂一样。我呢，"做饭"这俩字儿不过就是上超市去买预先洗好的沙拉材料，然后把它们放到一只漂亮的大碗里，再浇上价格昂贵的沙拉酱，完事儿。我的保留曲目（最拿手的）不外乎是有那么几次，把干巴巴的意面投到滚开的热水里，把西兰花、西红柿拌到一块儿炒一炒，最后把这些东西用瓶装蒜蓉拌一拌。

洗洗切切准备一顿饭，那样的状况太少太少了。谁有那么多的精力去做这个？离开办公室时，我已然筋疲力尽，哪还有什么脑力去想什么晚餐食谱，更别说那些洗菜切菜的劲头了。

但是自从在父母家住了一周之后，比利和我开始越来越经常在家研究日式菜肴，特别是当比利晓得怎么像专业大厨那样做米饭，甚至晓得怎么做味噌汤当早餐之后。我们飞快地意识到我们也能在纽约公寓里搞个像妈妈那样的东京厨房。

我开始去当地的日本店买豆腐和一些调味料，包括酱油、米醋、味噌，去本地超市、农产品市场买新鲜的蔬菜、肉和鱼。去日本店的次数越多，记起来的在东京跟父母一起吃的菜式花样就越多，比如烤鱼和煮菜根汤。

最叫人拍案惊奇的是，日本家常菜吃得越多，我们越苗条，越精力充沛，人也变得越有创造力，与此同时，每一餐饭都让人心满意足。写这本书的部分原因，说白了是收集妈妈千鹤子的菜谱和烹饪手法，以便我们也能够将这些复制到自己的冰箱里头来。

从2004年起，我们便着手从深度和广度两方面收集从科学和新闻报道角度提到传统日本家常菜品、配方和生活方式以及生活习惯有益健康的证明。这些有助于解释为什么自从开始用我妈妈的方式煮饭做菜后，感觉竟然这么棒。

我还想再跟你打个保票，它不是什么唬人的大餐，虽然在某些方面确实非同寻常。日本餐，从很多方面上来看，已经变成美国餐了。

贯穿整个美国，这里的人们早已跟日餐和外卖寿司打得火热。单单一个休斯敦就有超过100家日本快餐店。日本食品和调味品，比如毛豆、调味酱油、芥末、日本柚，还有大酱等等，已经不是纯日本餐厅里的必备了。现在是时候把日餐最棒的秘密广而告之了：家常菜。

***

我只离开过妈妈的东京厨房两回。头一回是出去读大学；第二回就是搬到纽约。但也因此有了两次的回归，每一次都特别庆幸我回来了。现在，我在自己家里也建了个东京厨房，这下再也不会离开了，就算离开也不会太久。

梦想美味乌托邦

我在日本长大，成长于一个可谓美食界乌托邦的城市——东京。坐在纽约的办公室里，我闭上眼……我能尝到它的味道。

深吸一口气，

我就在妈妈的东京厨房里。

被精细微妙的、甜甜的又带些泥土芬芳的气息微醺着，自打还是个小姑娘的时候，我就尝到了这味道。厨房里的气味闻着像大地，像海洋，还像山脉——*也像人生*。

我妈妈，小个子、黑头发，却是个能量极高的日本女人，正在用美洲豹一般的速度＋玛莎·斯图尔特[①]的自信＋NASA科学家的精准……为一大家子人做晚餐。

抹茶正在陶罐里煮着。

鱼汤里炖着黄的、绿的新鲜蔬菜，透明的鱼汤是由鲣鱼薄片、海带和蘑菇熬成。蓬松的米粒在电饭煲里舒展开身体，空气中弥漫着浓郁的米饭的原香。

妈妈会烤小片小片的鱼，挤上一点点柠檬，轻蘸少许菜油，然

[①] Martha Stewart，在抑郁大家庭中长大的女孩，凭着百折不挠的精神最终跻身全美第二女富婆。

后用褐色酱汁为切成小方丁的豆腐上色，再把它们置入已经煮好并且排成行的酱汤碗里（全都是亲手做的）。看着就像首饰盒子。

从父母家小小的耳房窗子望出去，东京壮丽的大都会全景不可思议地尽入眼帘，富士山就在西边的地平线上，风把山顶上的雪吹落成彩带一般的云朵。我爸爸，镇雄，坐在他的安乐椅上，用双筒望远镜专心致志地欣赏着富士山雪顶的美景。

沙发旁边坐着的是我先生，一个土生土长的纽约客，他打小从来没吃过日本菜，直到几年前他在我爸妈家待了那么一周，吃的都是我妈做的日本料理，一天3顿，每天如此。（这不是他能选的！）

他相当惊讶地发现，那就是，用他的话讲"我吃过的超凡脱俗的又香又最能增强体能的食物"。打那之后不久，他就不吃别的了，即使身在纽约也是这样。我妈妈彻底改变了比利的饮食方式、体重，还有感受。

去东京以前，他差不多有220磅重[①]。

现在呢，他的体重稳稳地保持在185磅上下。大多数时候他吃的是日餐。他的腰围也从42降到了36。

比利经过了3个不同体型的转换，一开始是"肥胖"（他的身体质量指数为30），然后进步到了"相对超重"（身体质量指数28），到现在——"正常"（身体质量指数低于25）。

我人生中的一半时光在日本，另一半的大多数时间在美国。两个国家我都爱，而且也吃过一些最好的餐馆：诺布日式餐厅、四季酒店、纽约的"安田寿司"餐馆、东京的"纽约烧烤"和京都的

---

① 1磅约为0.4536公斤，220磅约重200斤。

Takeshigero。

但走遍天下还是最爱妈妈的东京厨房,我尽可能频繁地上她那儿去,一般说来一年怎么也得去好几趟。

每次想着在妈妈周围打转,尽力把她所有的烹饪秘籍学会的时候,这黄粱梦往往就会突然被一个画面打断,她把我赶出厨房,把大家伙都叫到餐桌跟前来,然后大声宣布:"Gohan desu yo!(ごはんですよ)"这句话的意思是"米饭好了",之所以要说这句,是因为日本餐餐有米,也就是说,饭做好了,可以吃了。

妈妈在厨房里做的,不是什么复杂难做的寿司,或者精细、正式的宴会全席,而是日本妈妈们日常生活中做的优质、老派、精髓的核心菜式。

这也是千百万日本母亲和妻子天天给家人做的饭菜。打小我就是吃着我妈做的这样的饭菜长大的,上高中,及至后来在东京有了第一份工作,成为一个年轻的受训行政人员——即使在那时候,我要是没吃早饭冲出公寓,她也能手里捏着吐司,追我追几条街。

妈妈的菜式融合了传统日本家常菜和她自己的创新改良,既含有西式的炸鸡、意面、沙拉和汤,也往往按她自己的口味和健康状态进行一番重新搭配。菜品会一直选用最新鲜的食材。

妈妈的东京厨房很小,也就 6 乘 12 英尺[①]。那里有成盒的果酱,摞得很高的厨具、盘子,还有那些调味料。实际上里面连放个操作台的地方都没有。

我的好朋友苏珊从纽约去香港时,顺道在东京停留了几天,她见

---

① 约为 6.7 平方米。

证了我妈妈如何在逼仄的空间里赶制出来几道小菜,活脱儿是一副打《魔法师学徒》[1]里出来的场景。10年过去了,苏珊还在提这事儿。

> 奈保美妈妈的东京厨房是一种身外体验。
>
> 首先是它的尺寸。它与一个步入式橱柜相仿,像是一个出产宝贵食谱和供应餐食的聚宝盆。在凌晨4点的时差反应中,我悄悄地冒险来了个厨房袭:试着拉开抽屉,或者打开碗柜。我老担心没准儿什么时候就得被这些东西给埋了。
>
> 其次是从厨房里能端出来什么。美食当前,自打成年以来我就没有这么沉迷和竭尽所能地要去享受这样的一种快乐。我不爱吃鱼……除了奈保美妈妈家东京厨房做的鱼。我吃着做好的南瓜一头雾水,一直想知道这南瓜到底躲在厨房的哪儿。我还吃了成堆的像绿叶子的什么东西,后来才发现原来海带丝也能这么好吃。
>
> 第三点,同时也是最最有意思的一点,就是这个地方的女主人森山千鹤子。她勉勉强强5英尺高[2],一直笑眯眯地冲我点头鞠躬致意(由于语言不通所致),就是她,让我想把所有她做的菜全部吃光光。
>
> 真希望哪天能够再去,只待在家里。她一定能够让我的3个儿子吃鱼,我对此很有信心。
>
> ——苏珊·D.普拉格曼,《嘉人》杂志副主编,出版人,曾经访问过我妈妈的东京厨房

---

[1] The Sorcerer's Apprentice,一部2010年上映的魔幻电影,故事背景发生在纽约。
[2] 身高约1.52米。

新鲜真言

我慢慢长大,很少出去吃餐馆或者把外卖食物打包带回家来。妈妈说她做的比外头卖的更好,而且更便宜。

她上好几个地方去买配料——当地的超市、百货店里的美食广场、东京市中心的专卖店,以及筑地鱼市①。每天,她都要去当地商店采购鲜鱼、肉、蔬菜;回家时再去附近人家自家经营的豆腐店——前提是豆腐得新鲜——捎上几块豆腐,她连豆腐都买新鲜的。她经常在买东西之前拿不定主意要做什么菜。只有在逛遍了市场,看清楚那天里头卖什么和什么看着又新鲜又好,才能定下她的当日菜谱。由于食物容易腐烂,"新鲜"便成为东京厨房的一个真言。不论是鱼、水果、蔬菜,还是草本植物,如果正值时令季节并且非常新鲜,那么就能成为日本主妇们采购的目标。遇见不新鲜的,她们便远远走开。

我家有一段时间住在川崎——紧挨着东京的一座城市,我爸爸在那里的一间化学品公司找到了一份工程师的差事——住在那儿的时候,我们甚至挨着花坛种了些菜。家里有个巴掌大的园子,于是我们便种上玉米、欧芹、番茄,还有茄子。另外厨房的窗户外头还长着棵无花果树,离窗子近得差不多一伸手就能够着,根本不用上外面去就可以摘无花果了。

我们还养鸡。我们家是街坊四邻里唯一一家满后院跑着鸡的人

---

① Tsukiji,筑地鱼市,日本国内最闻名的鱼类市场。

家！诚然，它们是些迷你矮脚鸡，广为人知，名叫"沙布"①。它们被养在家里当小宠物由来已久，可追溯至江户（旧时东京）时代，那时就有个人从现在的越南开始进口这种鸡。沙布老在后院土地上用爪子挖些小洞，然后在花丛掩映中坐进去，一动不动的，看着就跟进入冥想似的。每天清晨，妹妹和我都要出去捡鸡蛋，好多都是才下的，摸着都是温的，随后妈妈就把鸡蛋做了给我们吃。她特别喜爱那群小小的沙布鸡。尽管那时候我对它们没有什么特别的感觉，可再回过头去看，却又意识到，是小沙布把我们和存在于钢铁丛林、炼油工厂中的不远处的大自然连在一起的。它们下的蛋，再加上我们自己种的水果、蔬菜，完全可以看出妈妈一直尽可能使用最新鲜的食材做饭菜这一王道。

妈妈大约是第一个买通用电器（GE）冰箱的日本主妇。它在我们家算第二件大家具——排在钢琴之后。那冰箱对于一个日本厨房来说简直过于庞大，所以只好把它放在外头，差不多在我们的餐厅边上。但煮饭要用新鲜食材，这一点那么强烈地激励着她，让她非买那个冰箱不可，大点儿就大点儿呗。

爱心便当盒

我和妹妹美纪（Miki）从 12 岁到 18 岁，读的都是川崎的一所私立女校。

上学第一天，所有妈妈和女儿们都端坐在礼堂里，老师在讲台上做纳新讲演：

---

① Chabo，矮脚鸡。

我们要求每一位母亲每天都为你们的女儿做午餐。

我们学校的宗旨是为了帮助学生们学会给予和爱。你的女儿学会这些的方式之一，来自你做的爱心便当。

我们也理解可能会有那么几次，当妈妈的有什么急事而不能给孩子准备午饭。学校会提供三明治和午餐盒，但不会每天都提供。仅限于不可避免的偶然情况发生时使用。

我妈妈对这个演讲深以为然。

那些年里，她每天6点钟起床，给我们做小鱼块、蔬菜、鸡蛋和肉，一片片备好，把海苔铺到盛在密封的特百惠保鲜盒里的米饭上，再整整齐齐漂亮雅致地把食物摆放在海苔上。

她会把午餐用边角上绣着我名字和花朵的布巾包好。那些布巾也是她绣的。

每天的午餐便当有着不同花样的小菜，三明治，或者是饭团子。她做的每一个便当盒都充满了奉献和爱。

某一天，我解开布巾，揭开塑料盖子，开始吃三明治。吃着吃着惊讶地发现居然在火腿和奶酪上头有一片海苔。

我跟我的同学们都习惯了英式三明治，生菜，细细的黄瓜丝，番茄，火腿，再加上奶酪。海苔应该是吃日餐的时候才有的东西，永远不应该出现在三明治里。作为一个自我意识超强的青少年，在众多同学面前吃着那片海苔简直让我窘得无以复加。

回到家我就跟妈妈急了："没人会把海苔放到三明治里去！"

"哦，吃海苔对你有好处，但我以后尽量不再那么做了。"她说。

***

胡萝卜炖豆腐

（供 4 人享用）

洒上大量烤出香味的芝麻，这道胡萝卜豆腐是我最爱的菜品之一。它是妈妈自创的菜肴，只此一家别无分号，它也是高中时便当盒里的星级小菜，那时我一般配着很热的米饭吃它。这个菜冷食时味道实在是太好了，尤其搭配着烤过的全麦面包，绝了！

两块 3×5 英寸的长方块豆腐，浅浅煎过

2 汤匙米醋

2 茶匙白砂糖

2 茶匙清酒

2 茶匙低钠酱油

1 茶匙盐

1 汤匙菜油

6 杯胡萝卜丝（大约 5 根胡萝卜）

1/3 杯烘烤好的白芝麻（见 95 页）

2 茶匙芝麻油

1. 1 小汤盘清水，加热，加入豆腐中火煮，要不时翻转豆腐，煮 1 分钟；捞出控出水分（这样不会吸入油）。把豆腐切两半，一半切成长方形片，一半切成细条。

2. 在小碗里放入醋、白砂糖、清酒、酱油和盐。搅拌至白砂糖

溶解。

3. 深煎锅放油，大火烧热。放入胡萝卜、豆腐条，翻炒出香味，炒至胡萝卜变酥嫩，大约3分钟。将火调至中低，将碗中酱油类配料倒入锅内，一起煮2分钟，或者煮软（也不要太软）。关火，放入芝麻搅拌，淋上麻油。

4. 起锅，装盘。

欢迎来到饕餮国，日本

日本是一个充满热情美食家的国度。日本女人则是美食乌托邦的大祭司。

意大利人对美食很狂热，当然了，法国人也一样，还有美国，西班牙，中国……差不多每个国家的人民都爱美食。

除非你自己在日本街头逛，否则你无法切身体会怎么样才能享用到日本美食。日本或许只是世界第二大经济体，但它无疑是真正意义上的美食乌托邦。

我说"着迷"二字，并不是一种失去理性、奇奇怪怪的套话。而是指超级投入的对美味、健康食物的真爱。这是很棒的"着迷"。

对大多数美国人来说，日本的食品就是寿司。寿司确实神奇，它也是日本人最喜爱的食物之一，但它只是很多很多食品中的一种而已。走遍日本，你会发现那里有无数美味。

不是说我们对食物有多势利（虽然彻头彻尾是挺苛求的），可硬是不明何故，日本人就是期待能够享有卓越的烹饪食物，仿佛这是人们生来就有的权利一样。

举个例子，乘自动扶梯下到任意一间日本百货商店的地下大厅，比如伊势丹（Isetan）、三越百货（Mitsukoshi）、高岛屋（Takashimaya）：你都会被引至那个巨大又丰富的美食天堂，精致美丽的餐食，堪称艺术品的精美打包餐盒，还有一行又一行展示着装满巧克力松露、小甜点的玻璃柜子，有些糕饼店就邻着传统的日本果子店，所有这一切竞相辉映。所有这一切全都新鲜制作。

几乎所有点心都很小，一口一个（1英寸，或者更小些），从来没有像美国人那种典型的巨无霸点心，美国的通常能达到4到5英寸大小。带着温润的甜却特别有味道。日本点心大多是独立包装，用小袋子或是小罐装着，鼓励你一次只吃一两个，别的留着以后慢用。

目光所及的每一处，都是最高品质的食材，最好、最新鲜的出产，为外带者准备的最美丽的包装。

这些东京外购食品不仅仅产自日本，还产自意大利、中国、法国、印度等等国家。日本已经成为许多国家的寰宇大集市了。中餐对日本的影响可以回溯到千年以前，可谓源远流长。天妇罗，我们认为特别典型的日本菜，就源于葡萄牙商人15世纪来访时所吃的菜品中得来的灵感。日本对西方各国开放的19世纪晚期，世界各国各种产品陆续登陆日本：肉类、咖喱、猪肉、面包，后来又有了咖啡、法国餐食、比萨、点心。

我们还从西洋学来了另一种吃食：巧克力。我们特别珍爱它。东京有一家高档百货店，目前正在给顾客提供客人专属的巧克力银行——在店内选购一定数量的巧克力，商店会替客人保存在可控温的巧克力窖，客人什么时候不想存了，想取走，就随时可以取走。

这个格外摩登的高科技大都会，具有顶级的国际影响力，但老派的、传统的日本却始终没有远去。比利和我发现这一点，还是去年夏天在东京青山区租了套公寓的时候。某一个晚间的午夜时分，我们听到了一个男声在那儿唱："Gy—oooo—za, gy—oooo—za!"一个男的坐在一辆装着热饺子的面包车里，在后街上徐徐开着，在街头叫卖着夜半时分的消夜：饺子。他的叫卖吆喝调调儿与卖番薯的人家一模一样，这是一代一代传下来的，他们仍然蹬着装着家伙事儿的车子，把货卖给东京一些街坊里的邻居们。

在日本，食物时时处处可见，品质和新鲜度更是无可挑剔的高——更高，私以为，比世界上任何其他地方都高。而这些恰恰是日本女人们所需要的，也是商铺和餐馆务必要达到的。

在市中心的每条街上都能找到叫人垂涎三尺又独具风格的小面馆。各个城市都充溢着优秀餐馆和世界各地最有特色的菜品。日本有法国本土之外最好的法国餐馆。电视网络被洪流一般的美食频道所占据。在日本，精美的食物不是只有有钱人才能享用得到，每个人都可以。

日本的超级市场是新鲜食材的大教堂。食品，不仅仅标注日期，并且要标上时间——日本主妇们买鱼、肉、蔬菜，或者预先收拾好的肉类时，她们只要当天包装时间半小时以内的产品。日本菜式中会用到稍稍冻过的食材，或是罐装的食品——需要强调的一点是它必须SHUN——必须应季。便利店所卖的外带三明治和饭包，虽然价格并不贵，却也是同样超级新鲜和好吃。

作家佩姬·欧伦史坦在为《健康》杂志所写的一篇文章中详细描绘了东京的厨食，日本就是这样一个能够让速食仍然美味的明证。

"在旅途中，我大口吸溜着又香又清的肉汤荞麦面，"欧伦史坦回忆道，"一天的午餐时分，我就跟着一帮小白领觅食，就在附近的便利店，惊奇地找着了相当不错的食物。真没跟你开玩笑，我买了盒烤三文鱼；两个紫菜包饭；Tamago[①]；还有个菠菜、胡萝卜碎跟红薯粉丝芝麻酱拌的沙拉。"

国际零售业巨头沃尔玛投资了日本西友百货连锁（Seiyu），以期学到日本食品配送和保鲜的诀窍。

从各个层面上看，日本人也不全都是食品达人：许多小年轻狼吞虎咽着诸如麦当劳那样的快餐食品，但近来那些饮食习惯西化的人们也开始对肥胖病谈虎色变了。

再就是日本的日常饮食里含盐太高——味噌，腌菜，特别是酱油——专家推测可能会由此导致高血压、中风及胃癌。

此外还有营养学层面上的违规，就是日本人吸太多太多烟了。肺癌和支气管病的发病率高得匪夷所思，和那些发病率相当高的酒精相关的小毛小病一样。让人难以置信的是，一半日本男人仍然吸烟，这种状况在所有工业化国家中垫底。（日本女人吸烟的比例为10%。）

但总体而言，与世界上其他各国相比，日本人中有相当一部分过着非常健康的生活方式——很大一部分原因取决于他们吃什么。

结果就是有些事情在这个对美食十分狂热的国家确凿无疑地发生了——男男女女比其他国家的人更长寿，你也很难在日本瞅见一个胖子。与此同时，几乎没人在日本挨饿。

日本人是怎么做到的呢？

有一个原因就是：他们吃的方式非常、非常异于西方人。

---

① 日式煎蛋寿司。

第二章
在日本的柑橘丛林里

父恩比山高,

母爱比海深。

——日本谚语

闭上眼睛。

我5岁。

在群山环绕的日本乡村橘园里。

腰上系的篓子里装满了我爬上橘树摘下的成熟多汁的柑橘。那风景宛如凡·高的画作——整幅画里处处净是浓淡明亮的橙色和绿色。

我被四面山坡围绕着,漫山遍野都是成熟了的柿子、红萝卜、青葱、马铃薯。

纪伊半岛三重县有一个叫作小坂的村庄,爷爷奶奶家世代相传的农庄就在那里,那也是我童年度过最美好夏日时光的地方。它位于东京西南,乘坐子弹头(或新干线)再换乘当地火车大约需要 2 个小时。

爷爷奶奶家的农庄及周边地区盛产柑橘和众所周知的松坂牛肉(许多人认为比神户牛肉还棒),还有就是专供御木本的养殖珍珠——时至今日,那里依旧选用身穿白色泳衣和浮潜护具的女性专业潜水员采珠。

它是那种能够激发旅游者狂想的所在,其中之一就有记者杰里米·弗格森,他在《加拿大环球邮报》撰文说:"日本异乎寻常之可爱一角,未受破坏,游人不多……针叶类植物漫山遍野。绿色的稻田扇面形火焰一般铺排于低地。海岸线成 S 形,不时波动出大量牡蛎苗床和小岛,拥有这样一个地方真是让人愉悦,它们甚至可以称得上是雕塑品。"日落橘林乃人间至美之景,他做了标记,是这些美景生发了俳句诗篇。

对我而言,这里不啻于美食游乐园,承蒙爸爸的家人——其中好多在那时并且现在仍然是兼职的农民——得到了关于传统日本乡村美食很好的熏陶。依祖训,他们已经在这片土地上务农 300 年了。

我祖父久米,在农场里工作直至他生命的最后一年。他活到 95 岁。我祖父母一家在田里种茶树、稻子、大麦,外加 3 种柑橘、5 种柿子、李子以及不少于 30 种菜蔬。

农场栏里还养着产奶的奶牛,它们就在院子里转,还有鸡,满足了一家人日常的鸡蛋供应。

农场的一切都围绕着食物。村里的人家与日本乡村的其他人家一样,都在半公共的网络里与众农场及相关商家聚众联合。

当父母、妹妹、我夏天上那儿过暑假时,我们就住在双层的、长的、屋顶上铺着麦秸秆的森山家农舍，这里一次能招待4代人，有好多间房是榻榻米的，并且配有石头制的浴缸。我奶奶，都弥，会在石头浴缸底下烧木头，把水加热。洗手间在外边，紧挨着牛栏。

每一天，从清晨5点钟开始，奶奶会去房屋后面的山坡耕地上摘一大堆水果、蔬菜，为大家的早餐做准备。就像我之前提到过的，日本的家常菜彻头彻尾与新鲜紧密相连，也没法儿再新鲜了——我们吃的东西前一小时才从地里收获而来。

我奶奶活到90岁，是家里了不起的大厨。"她做的每道菜都很简单，也不用什么特殊的技法，"我爸回忆道，"举个例子来说吧，她煮茄子、绿椒、洋葱还有牛蒡之类的蔬菜，然后用味噌一拌就好了。她用米醋腌黄瓜和西葫芦，再配上一些切碎的紫苏叶子就好了。"

通往厨房的大门一直开着，整天都会有邻居和亲戚们成帮搭伙的过来看看或者聊天，呷上几口抹茶。厨房的台子上通常都会摆满健康的小食品，其中很具代表性的是饭团。随着人们的一来一往，饭团数量也在一个一个减少，直到最终只剩下一个空盘子。作为一个从东京来的城里姑娘，我又好奇又羡慕地看着一直往来的亲朋。

家庭会餐时，大家便盘腿坐在榻榻米的垫子上——不设椅子——日本传统风。席间，大人们将清酒热上，招呼说："少量清酒，健康多多！"

菜品简单却十分新鲜，大多数的食材取自左近的自家农场：蓬蓬松松的蒸米饭，配有切好的蔬菜和整个鸡蛋的味噌汤，煎得嫩嫩的肉和蒸菜是主菜。小菜则有腌日本杏（要么就是梅干）。桌上鲜见用饱和脂肪、精制糖或者预先炮制过的食物。

我怀疑没有哪一个垃圾食品分子敢跨过那个农场的门槛。

我最爱吃的是萝卜叶：奶奶稍微将粗糙的深绿色萝卜叶子用水焯一下，挤干水分，剁碎，然后用米醋、酱油、鲣鱼薄片，或者研磨过的芝麻拌好。满口汁水，使得我乞求奶奶每天都做这个给我吃。

后来事情并没有多大变化，之所以这么说是因为我和比利最近又回到了小坂。拜访了我的表兄吉一，他现在经营着这个农场。我叔叔昌夫在农场附近拥有一间杂货店和一间餐馆，我们便跟亲友一起坐下，共赴了一次大聚餐。

那天晚上吃的是"呷哺呷哺"涮涮锅，把细细的牛肉卷和切成一片片的蔬菜飞快地在自己面前的一人汤锅里涮。（呷哺呷哺，约莫着你也知道，就是涮肥牛所发出的沙沙声。）吃着吃着，我们环顾四周，看看表兄表弟、叔叔婶婶、年轻的年长的，大多数两颊都是红苹果的健康色，乌黑亮泽的头发闪闪发光。每个人看着都很年轻，精干，个个焕发着正能量的光芒。

我琢磨着如果种种迹象均能够表明他们看上去又年轻又健康的话，那么一定是他们吃得特别健康。

***

菠菜配鲣鱼薄片
（供 4 人享用）

奶奶森山都弥做的这道美味又富含能量的沙拉，用料为萝卜叶子。我手头没有萝卜叶，便用了菠菜代替。如果没有菠菜，你还可以用甘蓝或是甜菜叶子代替。

1 磅菠菜，除去根部和粗茎

2 汤匙鱼汤

1.5 茶匙低钠酱油

1 汤匙米醋

1/2 茶匙白砂糖

盐少许

1/4 盅小鲣鱼片

1. 将菠菜置于浸满水的大碗中，除去菠菜中的沙砾，注意不要让菠菜分离，因为需要全部一捆的菠菜叶子和根茎。如需要，换洗几次直至全部泥沙洗净。

2. 将大量清水煮开。小心将菠菜置入沸水中，加热三十秒，仍然注意不使菠菜分开。捞出菠菜，过冷水。轻轻挤出水分，此时的菠菜捆约 1～2 英寸粗，6 英寸长。

3. 将鱼汤、酱油、米醋、糖、一大撮盐混合放进小碗，搅拌直至糖完全溶解。

4. 将菠菜切成一英寸长段，将水分完全挤出。

5. 把菠菜段码于中号碗中，将小碗中调料淋上，再以鲣鱼薄片装饰上桌。

> 被突如其来的日本美食的新鲜彻底吸引了，就像大声喧哗中的一声低语。真是一次窝心的视觉和味觉盛宴，它呈现出各种不同的粗加工食材，没有什么是过度烹饪的，一种最接近食物自身的最自然的味道。
>
> ——唐纳·里奇，《日本的味道》

第三章
妈妈东京厨房之七大秘密

我用的原料来自高山,来自海洋,来自大地。

——森山千鹤子

还是让我们直奔主题好了,看看妈妈的东京厨房里到底是怎么回事,看看千百万日本主妇的厨房是怎么回事:虽然妈妈所做的菜式各种各样,但都具有独一无二的日本味道,也都特别健康有益。其中的秘诀和不同寻常之处,我总结出来,称之为日本家常菜烹调的七个秘密。

秘密一
日本菜的根本在于鱼、大豆、米、蔬菜和水果

绝大多数日本菜都是来自 5 大既简单却又十分万能的食材:鱼、大豆、米、蔬菜、水果。

传统日本家常菜包括 1 块烤鱼,1 碗米饭,水煮蔬菜,再佐以味噌汤;甜点是切成片的水果,再来一杯热热的抹茶。大多数人认

为典型的日本菜便是简简单单 1 碗饭，1 碗汤，外加 3 种小菜。

日本人均消耗掉的鱼类是美国人的 2 倍多，大豆制品则超过 10 倍。

日本人食用海量大米。

同时日本人又疯狂迷恋蔬菜，特别是新鲜的绿叶菜、萝卜、茄子等等。2004 年 12 月 17 日，微软国家广播公司（MSNBC）编发题为《日本饮食助力防止癌症》的报道，指出"日美两国在饮食方面极具差异，这一点正好解释了为什么日本的癌症并发率远低于美国。不过有一个不同之处被忽略了：日本人食用十字花科植物/蔬菜的数量是美国人的 5 倍"。十字花科植物包括卷心菜，西兰花，抱子甘蓝[①]，菜花，羽衣甘蓝，西洋菜……还有那些日本家庭烹饪时常用的其他蔬菜。在日本，另一个蔬菜宠儿是海带——这种遍体皆营养的东西盛产自大海。昆布，紫菜，裙带菜都是海带，以后还会有更多产品出来。

这样的饮食既简单又营养，因此不要觉得日常饮食主要以鱼、大豆、蔬菜和水果为主是件单调乏味、受制约的事情。事实上，在这些人类的基础上，日本人成功地发现了种类繁多的食材。根据此前对 2 名日本百岁妇女的研究，发现她们每周大约要吃超过 100 种不同的食物，相较于此，西式饮食仅 30 种而已。

日本人均食用牛肉一年少于 20 磅，相较而言，美国人均年牛肉消耗量超过 60 磅。在日本，把肉类作为主食的情形比在美国要少得多，而且频率低得多，即便吃肉，他们也会把肉切成薄片，只来那么一点儿，意思意思就好。

---

① 味道类似于中国的卷心菜。

日本人喜欢吃面条，像乌冬面、荞麦面这种，可他们吃的面与美国意面爱好者相比只占较少的一小部分。在日本，人们也能够吃到美国餐，比如外卖比萨、干酪汉堡之类，但他们几乎从来不在家吃这个。牛奶、黄油、奶酪、意面，还有红肉会在家吃，但是并不经常吃，吃的人也占少数。

"你看日本，表面看来它是个非常西化的国家，但那却是日本式的西化，"东京女子医科大学儿科教授、营养专家村田三德（Mitsunori Murata）阐述道，"我们或许会吃汉堡包，但那也是日本尺寸，而不是美国的。"

饮食习惯很好地说明了日本食品中脂肪含量与美国相比较低（特别是动物和饱和脂肪），日本食品中脂肪含量为 26%，美国的则为 34%。并且日本饮食低糖、低卡路里。以鱼类为主意味着日本人会获取更多像欧米茄-3 那样的"优质脂肪"。

日本人对预处理和精加工的食品的消耗量比西方国家少，消耗卡路里的总和明显低于其他发达国家。有趣的是，尽管如此，也几乎听不到哪个日本人抱怨说他有多饿。

人均日常卡路里摄入量

日　本	2761
澳大利亚	3054
英　国	3412
德　国	3496
加拿大	3589
法　国	3654
意大利	3671
美　国	3774

煎大西洋青花鱼

（供 4 人享用）

这是简便易做又好吃的一道菜，煎鱼前先把鱼用少量清酒腌一下。或者煎之前用胡椒粉、面粉糊挂浆，那就是另外一种做法。

4 条 4 盎司重大西洋青花鱼

4 汤匙日本清酒

盐少许

1.5 汤匙芥花籽油或米糠油

1 杯擦成细丝的白萝卜丝，挤去水分

低钠酱油，餐桌备用

1. 鱼片两面均抹上清酒和盐，铺于浅盘之上。
2. 不粘锅中油大火加热，放入鱼片，晃动锅子以免粘锅，中火煎 4 分钟。翻面再煎 2 分钟，或者煎至鱼片可用尖刀戳透。
3. 青花鱼单片装盘，用白萝卜丝装饰。用餐者可自行在萝卜丝上加酱油调味，最后将调好味的白萝卜置于青花鱼上。

另一种做法

大盘中倒入 1/4 杯通用面粉，在第一步中加入即时研磨的黑胡椒粉调味．用纸巾轻拭鱼片，吸走鱼身上的多余清酒，裹上面粉，抖掉多余部分，然后依照上述做法烹制。

秘密二
日本人每样都吃得很少，使用的餐具漂亮又小巧

我是在东京出生长大的，但是由于某种原因，我总觉得自己既是美国人又是日本人。有好些年我都渴望着去美国，19岁时终于梦想成真：我得到了美国一所大学的奖学金。

我所就读的日本横滨的Caritas大学每年都与它的姐妹学校刘易斯大学合作，提供一个两年期的全额奖学金名额，这所大学位于伊利诺伊州的罗密威尔。他们选中了我，于是我好比得到了一张完美的去往我一直向往的另一个世界的入场券——虽然我只是模模糊糊知道这所学校在哪儿。

父母和我一起研究了美国地图，这才知道学校在美国中西部，具体在什么地方，我们对此一无所知，只知道它离芝加哥不算太远。我将是爸爸和妈妈两边家族所有人中第一个要在美国生活的人，这也是我第一次只身去往异国他乡，在这之前我甚至都没有出国度过假。

到达美国的头一天，我就接二连三被惊着了。

早上6点，飞机降落在奥黑尔机场，从芝加哥启程的路程让我大为吃惊，我从来没有看见过这么宽阔的高速公路，更甭提广袤的平原和一望无际的地平线了，道路尽头的天空仿佛会一直一直延展下去。不论我看往哪个方向，天空都是独占眼帘。

7点左右抵达学校，我被领到了餐厅，被问及早餐想吃点儿什么。

"橙汁就好。"我答道。

一大杯橙汁被端上来了，我不由惊异地瞪大双眼。让我惊异的是，一个人怎么能够喝下这么一大杯橙汁。

我还没有从大杯橙汁的惊吓中恢复过来，就瞧见另一个学生切下好多大厚片的薄煎饼，浇上糖浆，直到整个煎饼全部浸泡在又甜又稠的糖浆里。接着他连汁带煎饼一口放入嘴里，他快速又有策略地消灭着盘中餐，嚼一口煎饼，再吃一口蘸饱了汁液的烤培根，然后再咬一口煎饼，在极短时间内速战速决，把东西吃了个一干二净。

在日本可没有人这样吃，我想我一辈子也不会这么吃。旅程的一开始总算是知道了一点儿美国人是怎么上菜和吃东西的，或者更准确地说，这是我"胖子时代"的开始。

虽然我十分乐意身体力行关于美国的种种，可食物这个事儿首当其冲给我自己的系统来了一记叫人不怎么开心的冲击。我从小到大习惯了吃日餐，用日餐餐具，可刘易斯大学在伊利诺伊乡下，附近根本没有日本餐馆，也没有什么地方供应日本食材。

冷不丁的，我跌进一种食物跟日本完全不同、餐具照我看大得吓人的文化和日常生活之中。学校餐厅提供的早餐是一大堆深浸在糖浆海里头的华夫饼，侧面是整船的煎蛋和培根。午餐有巨无霸那样的汉堡、炸薯条和汽水，晚上供应的是摞成山的肉和土豆，海量的意大利面，还有大得足可以让我在上头溜冰的比萨。

搬到了这个完全外国、完全新的环境，对我来说真是太惊喜了，我很喜欢每一个传统地道的美国人的外向、友好和他们快乐的心态。

我的英语因为"完全沉浸其中"而进步神速，人也不那么害羞了，行为方式变得更加随意。并且开始能够在女朋友们的闲聊里插上话了，整个人变得特美国，连做梦都只用英语。而且在我的梦中，连现实生活中完全不讲英语的人们——像我父母——也开始说英语了。

很快，我就开始跟我那帮美国朋友吃一样的东西。

结果就是：来美国还不到 2 个月，我就活生生胖了 5 磅。

刚到奥黑尔的时候，我重不过 100 磅（当时身高光脚量是 5 英尺）。可现在，我已经朝着 125 磅前进了，胀破了绝大部分在东京买的衣服，特别是紧身牛仔裤。

我也试过在宿舍后头的操场跑步，想消耗掉一些多出来的卡路里。但这是徒劳的：连一盎司都减不下去。过不久入冬了，之后大约有半年的时间，芝加哥都被大雪覆盖。冬天里，我就大门不出二门不迈地在室内待着，只做过一点点小锻炼。

我曾经应邀拜访过当地的美国人家吃饭，每道菜都很香。可我还是——对人家觉得稀松平常的大盘面包、大盘肉、大盘土豆的大餐——犯着嘀咕。看上去美国人民人均一顿饭吃的量差不多是我在日本吃两顿的量。

之后是甜点，让人讶异的是它不是一道甜点，而是好多道：苹果派，胡桃派，南瓜派，巧克力派——通常是 2 种以上口味——外加小甜点心若干。从冰箱里再往外拿大桶大桶的冰激凌：香草的，巧克力的，薄荷加巧克力屑的，草莓的。老实说吧，在日本你根本不会在同一个地方看到这么多种类的冰激凌。不由得拍案惊奇的是：这是一个多么叫人难以置信的健康的国度！即使大冬天的，他们也能咽下成吨的冰激凌。

没有做客的日子，我就学着吃标准的学院餐。不消几日，我的伙食就围绕着比萨、各种派、小甜点心和冰激凌了。我的大爱是汉堡王里塞得满满当当的庞然大物。

可我对自己吃的东西不甚高兴。写信给双亲时招认了我最思念的东西：简单烹煮、口味清淡的日本家常蔬菜和清水煮白菜。

尽管肥了25磅，十分想念蔬菜，我还是精神抖擞地上学，交朋友，学了好些美国式爱好。一周又一周，一个月又一个月，日子过得飞快，在美国中西部念书的那2年里，我连日本的家都没回过。终于，在伊利诺伊中西部这片遍布玉米地度过的欢乐时光结束了，我回家了。

一家人都来机场接我，我马上强烈意识到我是多么喜爱美国。

在一大堆问题中，有个阿姨插进嘴来问道："你在那里怎么能这么开心呢？瞧瞧你吧——胖了！"她说得没错。

重新在东京生活，我又得经历一次文化的冲击。东京的人口十分密集，到处都很拥挤：街道窄窄的，公寓堪称迷你，电脑操控的列车挤得不能再挤（电脑也确确实实在高峰时段被穿着制服、戴着白手套的工作人员往上推你时挤压着），可我都已经习惯美国中西部那广阔的天地了。

回来又跟父母一起住，在日本，单身的人在没结婚前住在家里是约定俗成的，即使现在仍然这样。因为会讲一口流利的英语，我在东京迪士尼乐园找到了一份英日翻译的工作。

回日本两三个星期之后，某些意想不到的事情发生了。

东京的生活方式和我妈妈的居家烹饪让我那额外的25磅肉匀迹一般人间蒸发了。并不是我有意识去减肥，只是因为简简单单地回归了我妈妈的东京厨房和日本的城市化生活。

某一天我突然发现我那些旧衣服能够很轻易地穿上身了。

在东京迪士尼工作了一段时间之后,我去了位于东京的格雷广告公司,我想自己应该会喜欢上这种结合商业和创造性的工作。的确如此,只是我仍旧十分想念在美国的生活。于是我向老板申请了很长时间,希望被派到纽约工作,公司最终让步,同意了我的申请。

我的新办公室在格雷广告公司总部,位于纽约第三大道,一安置好,我就开始研究卡夫通用食品公司和宝洁公司的账户。

在曼哈顿,一开始我租了一个公寓,里面有一个小小的厨房,配有巨大的冰箱,巨大的烤箱,一个洗碗槽,还有一个食橱柜。没地方切菜和备菜,没法做鱼,因为没有通风设备。我在办公室问了一个同事:"曼哈顿的厨房都怎么了?怎么连个收拾准备食材的地方都没有啊?那我拿这个大冰箱干什么用?"

她是这样回答我的:"噢,我们在纽约多半都出去吃,吃剩下的就打包回家,放进冰箱里,第二天热热再接着吃。"

哇噢,我觉得这也讲得通。效率万岁!

于是我成了一个快乐的曼哈顿初级行政主管——拴在工作上的奴隶,不停写备忘录,存储数据,跟朋友们一起开派对,不眠不休,却乐不可支。

等再回东京探亲时,我妈妈照例问我:"你吃得好不好?"

"那当然好了,妈,我在纽约哎!一大堆很棒的餐馆和一大堆外卖店。另外,我还有个微波炉呐!"

"你还有个微波炉是什么意思?"我妈妈很是诧异,"是说你没有锅碗瓢盆？你只吃外卖？自己不做饭？"

我要离开东京的时候，妈妈强行往我的行李箱里塞了把煎锅进去，大声叫着："你给我带上这个！"

"我可以在美国买这种锅。"我说。

但是相比较我之前所习惯的东京生活，纽约生活的不同之处是家常烹饪变成了外卖快餐和微波食品。打小起，日本人吃东西的习惯就是分量小，差不多比美国人少三分之一甚至一半。在美国，大家习惯吃到饱（或者甚至是吃撑），但是日本妈妈常提醒我们，"饭吃八分饱"①——因此我们"只吃八分饱"。

在日本，饭，意味着要慢慢地一口一口吃，每一口务必嚼出味道来。这样就能享受食物最美好的一部分——吃完很好的一餐日本家常饭，你一点儿都不会觉得饿！

日本人几乎打出娘胎起就知道这个，要么是在家里就学到了，要么是在学校里学的。在一间标准的日本小学里，没有自助那样的餐厅或者自动贩售机。取而代之的是孩子们在教室里集体用餐，而且轮流戴着特殊的服务生帽子，穿着罩衫为其他孩子服务。每个人分得同样分量的菜品（不够可以再要）。

在日本，上菜可用盘子，也可用碗——每个菜与美国同样菜品的量相比，几乎只是一口的量——这样一来既显著减少了进食量又加强了对食物本身的审美及精神诉求。

如果你被邀请去日本人家享用晚餐，那么你便是赴一场特别难忘的约。1933 年，德国伟大的建筑师布鲁诺·陶特来到日本，给我

---

① 原文为 Hara hachi bunme。

们留下了他在日本家庭吃的美食大餐的文字说明。"极富美学享受：桌上摆满各式各样的小菜，每个菜品都有自己的小碟子。肉汤盛在漆器大碗中，装鱼的是个不规则形状的盘子，是颜色非常柔和的光亮釉面，盘与碗交相辉映，相得益彰。还有一个盘子装着红、白色生鱼片，另外还有一碗米饭和一只小酒盅。我妻子惊叹于这些铺排在我们面前餐食的美丽，"他回忆道，"它们的出场，光在视觉神经上就已经能勾起我们对日本料理的食欲来。"

基本的日本家庭料理是这样呈现的：

- 绝对不把盘子装满
- 任何菜品绝对不要大分量
- 每一样菜装一个碟子
- 少即是多
- 每种菜品被布置在陈列柜时，展示的就是其原本自身的样貌
- 食物必须加以"梳妆打扮"——轻微地
- 新鲜的是最好的

> "留白"在日本菜式的呈现简直算得上夸张。从来不溢出餐具边缘，还要给"留白"空出特定的地方——其审美意义可与禅墨画相媲美。
>
> ——名厨江本胜

凉拌豆腐、香葱、刨鲣鱼薄片

（供4人享用）

丝滑的嫩豆腐以口感丰富、浓郁成为消夏的星级美食。它简单迷人，可谓一例完美诠释日餐在分量掌控、装饰美观、口感质地上的特点，是一道需要眼睛和嘴巴一起品味的菜肴。

1块8盎司重嫩豆腐，略微冷冻
2茶匙新鲜烤好的白芝麻（详见95页）
1茶匙新鲜三叶芹碎末（详见129页）或者意大利香菜
1片紫苏叶子，切薄丝
低钠酱油
1/4杯刨鲣鱼片
2茶匙香葱末，去头尾

1. 冷水冲洗豆腐，滤干水分。
2. 摆盘。白芝麻可放在小碗里，小勺备用。将三叶碎和紫苏叶丝置于小盘中。所有配料及低钠酱油上桌。
3. 将豆腐小心切成四块，小心不要将豆腐弄散——并且注意美观。将每一块分别置于小盘上，洒上一定量鲣鱼薄片和小香葱。餐者用餐时按需加入紫苏、芝麻或者酱油。

东京厨房小贴士

保证食用的豆腐为中低温，温度不能过低，以便最大程度品味和享受它的口感和质地。

秘密三
日本料理：极清淡，超温柔

日本主妇和母亲们煮的东西非常清淡。

传统上，日本妇女不曾有过炉灶。即使在今天，家里也只做些意大利通心粉，肉丸和沙拉这些西式化了的菜肴，很少做需要烘焙或烘烤的大菜。因为日本厨房本身地方就小，所以炉台很小。（妈妈的东京厨房可不真的就是"一人装厨房"么，要是她在厨房里头，我就根本没地方站了。）

日本主妇们通常用很温和的蒸、锅里炒香、慢炖，或者快速大火翻炒来代替烘焙烘烤。这些做法有助于更多锁住食物的营养成分。

日本主妇使用精细温和的调味品去代替奶油黄油打底的酱汁和可压倒一切的刺激性香料，省却了油烟的烦恼。日本家庭主厨自有一套轻简朴素的方法。

日本家常菜的完整概念就是：凸显食物原本的样貌，把食物的本质发扬光大。

> 最好的烹调就是少烹调。
>
> ——森山千鹤子

这里还要指出一个巨大的差别：日本主妇用少量、健康范围内的油菜油，或者鱼汤来代替一定数量的动物油、黄油或其他重质油。每个日本主妇大厨人手一份由鱼和海菜为原料的秘方。鱼汤是一种透明的琥珀色的液体，是一桩鲣鱼片和干昆布（或海藻）的美妙联姻所得。在日本家庭料理中占据了一席之地的，还有另一种汤，它让人回味无穷，满口香津……其原料来自牛肉和鸡。

在文火慢炖的菜品上，家常做法会用鱼汤打底。在做汤、调味汁或者敷料时也会用到。厨艺大师 Shizuo Tsuji 在其所著《日本烹饪：简单的艺术》一书中写道："鱼汤勾出日本菜式其本身独有的特色风味，可以毫不夸张地说，一道菜成功与否（是否沦为平庸），完全取决于所调制的鱼汤品质。"

用口感极佳的鱼汤煮东西，其神奇之处就在于它有本事勾调、释放出任何原材料本真的初始滋味。照我说，比土豆吃起来更像土豆的情形只会出现在将土豆放在鱼汤里煮。这样的道理同样适用于茄子、四季豆和任意一种鱼。

美食作家马克·比特曼在《纽约时报》撰文，把鱼汤形容成可提供"某种混合了大地、海洋和烟熏的奇特又美妙的香味"的神器。若你在餐馆吃过精美的日本料理的话，多半都是好鱼汤在每道菜式幕后发挥了关键作用。

鱼汤有两种。"头道鱼汤"堪称鱼汤中之精品，是用昆布和鱼干熬制出的头道鱼汤。由于它特别精纯，这种鱼汤通常只用于烹制清汤和煨制菜肴。

"二道鱼汤"意指将"用过"的昆布和鱼干和等量的水再次熬制而成。尽管不像头道鱼汤那么鲜美，但对于日常饮食的味噌汤和需要大胆尝试的炖菜而言依然是极好的。

头道鱼汤

4人份

一片 4×4 英寸大小昆布

4.5 杯冷水

4 杯鲣鱼刨片

1. 昆布平铺在汤盘上。不要洗或擦掉芝麻表面的白色粉末——它们富于天然矿物质和原生态风味。汤盘内加入清水,煮至半开。取出昆布(二道鱼汤备用),避免汤味变苦。

2. 加入鱼片,大火煮沸。汤沸腾时,立刻关火,鱼片在汤中停留两分钟。将原料用滤网滤干净。小心不要挤压鱼片,避免汤头混浊不清或微微发苦(鱼片留用于二道鱼汤)。

3. 将鱼汤置于冰箱两日(它易于变质)。

二道鱼汤

4人份

将头道鱼汤留下的昆布和鱼片置于汤盘。加入4杯半清水,煮沸。然后再换成小火煮20分钟。滤网滤清,滤下来的食物残渣可弃。将鱼汤放入冰箱冷藏两日。

秘密四
日本人餐餐弃面包就米饭

在日本，以三明治作午餐日渐流行起来，烤片土司当早餐也是这样。今天日本有大约 5000 家面包房，给大家提供了意式帕尼尼、法式面包、美式百吉饼以及日本化了的南瓜饼之类的美味。

但总的来说，日本面包的消耗量要比西方国家小得多，米饭一直都是餐饮上的支柱栋梁。

日本人几乎每次在家做饭都会吃上一定数量的米饭。因为顿顿都有米，日本人就能远离松饼、面卷、白面包等这些在美国满大街都是、一天能吃上好几回的东西，也是最容易带来腰围"救生圈"的食物。

日式米饭
3 人份
炉灶做法

2 杯短粒白米，或发芽糙米，或糙米

短粒白米、发芽糙米用 2 杯半清水；糙米用 3 杯清水

1. 将大米放入中碗里，冷水淘洗大米（除非用发芽糙米）。用手抓洗，淘去淀粉，倾斜着碗，用手盖着米，滤清洗米的浑水。重复上述动作 2 到 3 次，或者直到洗米的水差不多澄清为止。

细网过滤器（筛子）排出水分（某些品牌大米为免洗米；请提

前阅读包装袋上的说明）。

2. 大米置于容器内，加 2 杯半冷水（糙米 3 杯），泡 20 分钟。上盖用火煮沸。之后用小火煮 15 分钟（糙米烹煮的时间适当加长），或煮至米汁蒸发完全，收干。关火，加盖焖 10 分钟。上桌时，用木勺或饭铲将米饭搅蓬松。

电饭煲做法
3 人份

2 杯短粒日本米

清水

1. 按照上述炉灶煮法洗米
2. 淘洗过的大米置于电饭煲。加入适量清水，根据电饭煲指南加入 2 杯米。泡 20 分钟，泡发。接通电源，按下开始键。米饭煮好后在煲内停留 10 分钟（不要掀开盖子）。上桌时用木勺或饭铲将米饭轻轻搅动蓬松。

秘密五
日本女人：能量早餐会的公主

日本女人早餐不吃薄煎饼。

她们可不碰一大堆鸡蛋和培根。

不吃百吉饼，不吃奶油奶酪、蓝莓松饼，也不吃含糖麦片。

这样好可怜喔，你没准儿会这么以为。吃的东西也太乏善可陈了——她们一定觉得十分悲摧。

且慢——先瞅瞅人家的腰围——她们是工业化世界中最低肥胖率冠军!

理由之一实乃日本女人是**能量**早餐会的公主。

每天早晨,千千万万的日本主妇都会亲自为自己和家人做早餐。标准的日式早餐含抹茶,蒸米饭,加上洒上葱花的豆腐味噌汤,一小片海苔,兴许还有一小份煎蛋,或者一块烤三文鱼。

一位叫 Sawako Cline 的日本妈妈解释说:"在日本,早餐是一天中最重要、通常也是最大的·餐饭食。我都是早早起床,用 30 分钟为我的孩子们做早餐。有时候我们吃鱼或米饭配味噌汤,有时候是火腿鸡蛋加蔬菜,无论如何都会加上水果。"

在纽约的时候,每天早晨,我的早餐都是低盐味噌汤,一般还会放个鸡蛋,加点香葱、豆腐、一勺糙米、一些切好的什锦蔬菜,或者头天剩下来的番茄。

试试这个,然后看你一整个上午感觉会有多棒。

日本乡间能量早餐

4 人份

我选择的心水味噌汤做法来自我的奶奶都弥,每次我们一家人到乡下的祖宅,她都会为我们准备这道早餐。我最喜欢里面的那个鸡蛋。很多年以后,我和丈夫比利会在它的基础之上加入更多蔬菜,配上豆腐和米饭,让它变成一道"能量早餐",我跟比利差不多每天早餐都吃这个。早晨一碗能量汤,够我打拼一整天,又满足又轻快。

1/2 盅热米饭

4 只鸡蛋

1/2 块 3×5 英寸见方煎豆腐

12 个葡萄小番茄，或 8 个圣女果

2 根香葱，头尾去掉，葱白和葱叶切细丝，分置

1 碗什锦蔬菜（比如四季豆，胡萝卜，玉米混合）

4 杯鱼汤

2½ 汤匙红（白）味噌（或者两者结合）

1. 将鸡蛋置于锅中，加水没过，煮 7 分钟。用漏勺捞出鸡蛋放在盘上冷却待用。冷却后剥皮，切成四份

2. 锅中放水烧开，加入豆腐，中火煮沸，2 分钟，不时搅一下。滤干（这一步用于去掉过量的油），豆腐切小块。

3. 摆好四只小碗，每只碗内摆上鸡蛋，煎豆腐，葱白丝，番茄，熟蔬菜和米饭。

4. 锅中放入鱼汤，煮沸。将味噌搅拌匀，关火。用长柄勺舀热汤浇于碗内。上桌时用绿香葱丝点缀。

秘密六
日本女人热爱餐后甜点……但用的一种很特别的方式

日本女人爱吃巧克力。

她们喜欢点心、冰激凌、米果和红豆糕。

只是，区别在于她们不那么经常吃甜点，还有，即使吃——你

也许猜到了！——量也非常小。一块蛋糕的大小也只相当于美国一般蛋糕尺寸的 1/3。

美味的巧克力在日本随处可见，东京的一些面包房也几乎可以与法国最好的面包房媲美。日本各地也随处可见甜甜圈店。只是日本人自始至终也没有养成大量吃甜食的习惯，而是非常乐于享用只相当于美国标准 1/4 的甜点。

给你们讲个故事：我妹妹美纪三四岁的时候，经历过一个根本不要吃东西、特别瘦小的时期。她把盘中餐弄得到处都是，只吃了几口，就嚷嚷说吃饱了。

妈妈很担心美纪因此营养不良。她晓得邻居妈妈们会给小孩子吃甜食，就琢磨着如果自己能确保美纪饭间不吃什么零食点心，那她一定会比较喜欢吃自己家里做的正餐。所以我妈就在妹妹脑门上贴了张小纸条：

请不要给我甜点和其他吃的东西。

我觉得美纪年纪太小，还不识字，根本不知道那小纸条上写了什么。

多年以后，我看了一个很棒的关于日本美食的电影《蒲公英》（Tampopo），电影中有一个场景是说一个小小的日本男孩在游乐场里四处玩耍，脖子上挂着手工制作的木牌子，木牌子上画着胡萝卜和警告：

别给我吃甜食，要吃只吃纯天然的。

妈妈又一次引领了她那个年代的潮流！

秘密七

日本女人与食物有着与众不同的关系

日本女人之所以不仅是世界长寿冠军，又是工业社会的肥胖率最低状元，还有另一个原因，那就是——她们不沉迷于饮食。

这不仅仅因为典型日餐和生活方式给了她们中的绝大多数以减肥的小理由，还因为日本人对餐饮有着独到的饮食观念。

在2003年一份关于饮食习惯的报告中，杨百翰大学的研究人员发现美国人同日本人相比，"与食物存在着亚健康的关系"。健康科学学会学术带头人史蒂夫·霍克教授如是说："极具讽刺的是，美国人觉得瘦一些比较好，人人把目光焦点放在对减肥的热衷上，这反而让肥胖率升高，导致情绪化进食、不规律进食、身体状况较差。"

"美国人起初吃东西还是以健康为主的，适量地吃，即达到了饮食的愉悦，又能保持清瘦、苗条，"霍克说，"而日本人，从另一方面来说，他们是打定主意保持食品多样化，建立与食物之间更加健康的关系，并不是特别因为追求瘦才去严格控制饮食。"

这一研究揭示出日本女人确实在如何保持苗条身形上具有很高的价值观，但是她们并不否认她们与美国女人有着同样对食物的喜爱。"在美国，高强度节食可能导致肥胖率的实际增长，"霍克指出，"身体对节食的应激反应就是储存比以前更多的脂肪、在一般运动中燃烧消耗大量卡路里。"

> 好身体是终极的时尚宣言。
> ——Kiyokazu Washida，时尚评论家

日本人的迷你肥胖危机

大家可能会这么想，等一下。日本人轻而易举就很苗条，他们根本就胖不起来——他们的基因就这样！

我并不觉得这样的说法可以解释为什么日本人肥胖的比例小，有3个原因。

原因1：我本人。百分之百土生土长的日本人，兹一停止吃日餐和按日餐的量进食，开始大吃特吃不健康的食物时，我整个人就以火箭速度堆叠起来，换句话讲，胖了。

原因2：科学。研究指出，当日本人一离开日本，并且开始吃典型西餐和按西方的大食量进餐之后，他们的健康状况就差不多被破坏了。澳大利亚孟席斯健康研究学院院长凯琳·奥黛教授说："针对移居人口（夏威夷地区和美国全国）的健康研究表明，即使日本人开始过相对比较西式的生活方式，他们仍然是最不容易罹患心血管疾病和消化系统类癌症的人群——饮食方式一直以来都是研究这一学科最重要的指标。"

专家们还相信饮食方式直接影响寿命。英国纽卡斯尔大学是研究人类衰老的官方权威机构，该校的汤姆·柯克伍德教授认为，衰老过程中有3个部分是不受基因因素影响，并且是人类可控的，比如摄取的营养和你的生活方式。他注意到"饮食习惯'西式'化的日本人老得快些，同时也易患那些西方社会典型病症"。

原因3：以我之浅见，现如今最有说服力的原因就是——在日本本土，由于西餐越来越成为日本国民的选择，这个民族已经开始轻微遭受肥胖危机了。

"日本人开始变胖了，就跟我们一样，"纽约大学肥胖病和营养学专家 Marion Neslte 教授说，"虽然真赶上我们还得有几年。"针对部分日本人久坐不动，摄入高卡路里的垃圾食品，Nestle 教授说："很多人的体重正在增加——特别是儿童。"从这一点上可以确实地看出危险四伏，如果日本再不喊停的话，肥胖症可能会开花散叶成为最主要的危机。

　　对我来说，这一常识性结论相当明显易懂：一旦日本人丢掉他们传统的日式饮食习惯，转而去吃西餐，或其他亚健康的饮食习惯，他们就会胖起来，跟其他那些人一样。基因因素看上去只能起到微乎其微的保护作用——如果生活在有肥胖导向的饮食和生活方式中。

日本人的秘密 · 番外
日本人在日常生活中的运动——自然而然

　　吃什么东西并不是日本人民长寿健康的唯一原因，另一重要因素是他们在日常生活中的主动活动。"日本人健康状况好，身材好"——这是《时代周刊》2004 年的封面故事，"怎么活到 100 岁"，原因在于"他们是个有活力的民族，在日常生活中融入了大量高附加值的锻炼"。

　　日本老人特别活跃。冲绳国际大学的 Makoto 铃木教授说："与美国相反，日本的老年人不用刻意上外面找什么锻炼方法——每天的日常活动就够他们保持苗条和健康了。"再加上他们一直延续着极富营养的饮食习惯，他指出："这真是双赢的组合。"

　　以我的家庭为例——不光是我妈千鹤子是这样——每天走着穿

越东京的大街小巷，常常飞奔着上或下比天还高的台阶，周末又跟她的一帮朋友去山上徒步。去年夏天我父母就带着我和比利登上高尾山——一座位于东京西部国家公园的山峰，1969英尺高。经过1个半小时的攀爬，到达山顶时，我的妈妈毫不含糊地宣称："我可一点儿都不累！"

就像千百万日本人那样，我爸，镇雄，虽然已经70来岁了，却仍然踩着老式的自行车去探望他的邻居们。那辆自行车不是百分百的什么兰斯·阿姆斯特朗那种高科技的时髦玩意儿，而是不带变速的。爸爸还时常骑车上20个街区之外的我姐家，帮忙带带外孙。

反过来说，我妹妹，美纪，也会骑着自行车满城转，有时候前车筐里搁着采购的食品杂货，车后座的儿童座椅上还得带着我俩侄女中的一位，要么是4岁大的Kasumi，要么是2岁的Ayaka。她也常常骑自行车带着我6岁的侄子Kazuma去学校。美纪的丈夫Shiko比她活跃得多，因为他从事的就是运动密集型的工作：他是一流的教授日本古典舞的教练，并且上课的地方遍布全日本。

在东京随处可见的狭窄街巷和人行道上，你定会看到衣冠楚楚的商务人士骑着单车转悠，家庭妇女们骑着车子去逛菜市场。东京是这样，整个日本都是这样。

在日本，每一个车站外头排成行的，你会发现是一行挨着一行摆放整齐的自行车，都是乘车上下班的人停在这里的。其中就有一辆属于我叔叔Kuzuo，他70岁出头，每天也是这样往返于东京的郊区和市区之间。无论刮风下雨还是风和日丽，凡是工作日，他从家里出门，蹬自行车到火车站，停妥车子，再乘上火车出发——短小精悍的身材，穿着西装，打着领带。

"下雨的时候怎么办呢？"我问。

他张开嘴巴哈哈大笑："下雨怎么啦，下雨我就一只手打伞一只手骑车啊！"他的妻子——Yashiko——每天游泳，并且还是一位水肺潜水爱好者。

简单地只是去搭个东京地铁，本身就是一种运动。车站线路四通八达，像迷宫一样，从一条线换乘另一条线时也必需走路，还得爬很多很多台阶。

除了很多日常锻炼之外，日本人也会走出去，刻意让自己大汗淋漓。

黎明破晓的东京之晨，你会看见百岁老人 Keizo Miura 弓着身子在路上快步走，在享用鸡蛋和海带的早餐之前锻炼着。他在 99 岁高龄那年还去意大利阿尔卑斯山脉的勃朗峰滑雪。

这位老者的儿子 Yuichiro Miura，2003 年的时候，以 72 岁的年龄，成为登顶珠穆朗玛峰最高寿者——1 年之后，他的另一位日本同伴，63 岁的 Tamae Watanbe，也载入了史册，成为攀登珠峰最年长的女性。

"老一辈日本人非常健康，往往做到的事情让年轻人都望尘莫及，"相对年轻的 Miura 先生对来做日本人长寿专题的来访记者这么说，"65 岁开外了，仍然能爬山、能去中国种树、能去外国教授日文。这就是健康饮食带来的，关乎运动，关乎如何让长寿成为极致。"

2005 年夏天，有个叫 Minoru 的 71 岁日本男人震惊了整个航海界，他创下了最年长独自驾船环游世界的纪录，航行中甚至连一个港口都没有停泊过。

虽然上述那些人极为健康，但追求富有活力和强健是整个日本生活方式的一部分，日本人也特别热衷于那些具创造性的体育运动。大家都喜爱的运动项目包括高尔夫、足球、棒球、网球、单双板滑雪，当然还有日本传统的刺客武学门类，像空手道、柔道和剑道等等。并且，健身狂潮也波及至工作场所：好些日本的工厂和公司都鼓励员工们开工前先来个 20 分钟的天台锻炼。

这也并不是说日本就没有成百上千万压力过大且不做运动、吸烟、饮酒、早早进了坟墓的人。尽管如此，劳伦斯 Kushi 博士——美国加州恺撒医疗保险机构研究员——研究对比了日本人与西方人的饮食及运动模式，注意到日本人"在日常生活中，比欧洲人、澳大利亚人，当然还有美国人要有活力得多。他们在平常的日子里更愿意远足、骑行，或者上下台阶，而不是动不动就开车"。

走路对健康的益处被专家学者们高度提倡和推崇——这也是被响当当的研究结果印证了。"运动可以将心脏病和高血压的患病风险降低 50%，可减轻压力，可将中风发病率降至最低，"查尔斯·乔治教授，英国心脏基金会医学主任，告诉《快报》记者，"既然走路是最简单、最方便，外加最省钱的运动方式之一，当然就是众人最佳的不二之选。"

有一个相当热门的"日行 10000 步"潮流——10000 步的概念是 40 年前由一个叫作 Yoshiro Hatano 的日本研究员首先提出来的，用来推销他们家生产的既便宜又靠谱的计步器。今时今日，每天行走 10000 步（差不多 5 英里），也被美国疾病防控中心和美国运动医学学会所大力支持。

"我们做了很好的横断性研究，结果显示：每日行走 10000 步的人要比走路较少的人更瘦一些，血压也更低一些。"田纳西大学教授戴维·巴西特在 2005 年 5 月 16 号的美国国家公共电台早间版节目中说道。美国总统健康及运动委员会行政总裁梅丽莎·约翰逊也同意这个观点，她说："人们须得尽力达成'日行 10000 步'这一非凡目标。"

纽约的条条大路就是我的健身场所。我努力试着走路去周边的各个地方，从办公室出发，一天要走上好几英里。比利和我常常步行到位于联合广场的农贸市场，周末还会绕着中央公园的水库慢跑。

只要从日本人日常生活中那些数以百万计的自然健康小方法中，攫取一点点小尖儿就够了——系上你的运动鞋鞋带，开始走路吧！

第四章
如何开启你的东京厨房
是的，你也可以在家做

妈妈，晚上我想吃日本菜！

——美国，纽约，中央公园，

2005 年 1 月，7 岁美国男童

开始造一个自己的东京厨房有多容易？

你猜怎么着，八成你已经拥有一个了。

机会来了，就在你的厨房里，开始做日本家常菜的所用所需，其中大部分你应该都已经有了。

一个东京厨房和一个装备精良的美式厨房并没有太大差别。许多厨具都要么完全一样，要么几乎一样。你大概已经有了绝大多数的装备，离你需要的新鲜玩意儿不远——要么上趟超市就能买着，要么点几下鼠标就够了。

想知道你现有的厨房和我们的东京厨房多么相近，只需了解一下我妈来纽约时发生了什么就行了。

2002 年，我妈妈和她的姐妹、我的姨妈 Yoshiko，从东京来了，待了几周时间，在纽约观光和购物。相比较于成天待在酒店里，我妈更想真正过过纽约的日子。因此，比利和我就在家附近的纽约中城区为她们租了套带家具的公寓。这个公寓有着美国典型的开放式厨房，却没有一件器物是日式的。

走进公寓，我妈一看见那个大厨房就一下子兴奋起来。它与东京家里的那个相比，根本就是大巫见小巫。就着最开始的新鲜劲儿，她只花了几分钟时间就把整个厨房里的装备和用具检查了个遍，然后跟我姨妈（姨妈也不会说英文）两人跑了出去，跟第二大道卖蔬菜、水果的小贩讨价还价买了蔬果，并且去了临近的连锁超市买来了大米、鸡蛋和酱油。她们没去专门的日本食品店——尽管不远的地方就有好几家——也没购置什么其他家什往这个已然提供了标准配置的、租来的公寓里添。

第二天，我妈妈就做出了一种让人叫绝的吃食，是她原有的家常食谱当中的看家菜，叫"亿利亿利喷喷"，此菜另一个为普罗万众所熟悉的名称是"超级牛肉鸡蛋"。这是一个用阴阳八卦摆盘的菜——将鸡蛋精细地炒好，对称的摆上加酱油炒得很嫩的牛肉。比利差点儿没给撑晕过去，太香了。

妈妈和姨妈两人在纽约的时候几乎天天在公寓里自己煮菜做饭。她们在附近市场找到了绝大多数需要的食材，然后就在一个跟你我差不多一样的西式厨房里做出了一道道日本家常菜。

"亿利亿利喷喷"
亦称：妈妈的超级牛肉炒蛋
4 人份

我妈常按她自己的话给东西起昵称。比如她管微波炉叫"叮"，就因为加热完毕的那一声叮。她还把"叮"当动词使用，比如，她会说："请把米饭叮二十秒。"当名词使用呢，她就会说："你得把它放进小'叮'里。"这道牛肉炒蛋在日本可谓家喻户晓，只是大家不知道它还有个"亿利亿利喷喷"的妙称罢了，这是我妈妈独家发明的。"亿利亿利"的来源，按她的形容，是持续不断的翻炒——这是决定这道菜成功与否的重点，而"喷喷"则是翻炒时平底锅移动所发出的声响。

在这道菜中，明亮的蛋黄与褐色味浓的牛肉反差巨大，交相辉映，再配上绿油油的豌豆荚，完美汇集几种口味，又简单又叫人食指大动。

超级炒蛋

1 汤匙菜籽油或米糠油

6 只大鸡蛋

2 汤匙白砂糖

盐少许

超级炒碎牛肉

1 汤匙菜籽油或米糠油

1磅极瘦牛肉馅（请肉铺师傅额外再把牛肉馅多绞两三次，或者自己在家用处理机多绞几回）

2汤匙清酒

1汤匙砂糖

1汤匙低钠酱油

盐少许

8只豌豆荚，去根茎

4碗米饭

1. 加热小锅内菜籽油或米糠油。加入鸡蛋、糖，调至中火，用木铲或者打蛋器翻炒鸡蛋两分钟。当鸡蛋开始变得脆硬，放入少许盐。再持续翻炒两分钟，及至鸡蛋小而细碎。出锅。

2. 加热小锅内菜籽油或米糠油。加入牛肉馅，清酒，糖，酱油和盐，调至中火。注意牛肉馅要嫩炒，不断用木铲搅动翻炒，避免结块，炒6分钟或至全熟。出锅。

3. 小锅加清水煮沸。放入豌豆荚，中高火煮2分钟，或煮至口感清脆。滤干，过冷水，将之竖着切丝。

4. 摆上4只碗。每只碗装一勺饭，然后小心用湿饭铲抹平，保证每碗饭的表面相对水平（不是堆成小山状，也不是挤作一团）。盛四分之一份炒蛋覆在米饭左半边，四分之一炒牛肉在右边，把鸡蛋和牛肉在各自一边平均铺开。将豌豆荚平均分成四等份，置于鸡蛋和牛肉交汇处。

东京厨房小贴士

这道菜的鸡蛋粒和牛肉末越小，优雅质感和外观就越好。

用小锅炒会比较容易一点，也不至于炒得太老。

要想最大化这道菜的美味，必须不断不断不断翻炒，即使你的胳膊已经打了退堂鼓。

———

开启自己的东京厨房很简单。所需的你已经拥有九成了。

剩下的一成就只是两口日本锅，几个日式餐盘，还有很短很短的采购必要食材的清单而已。只要你开心，甚至可以跳过锅和餐盘这一道。

当然了，和生活中的其他事情相比，比如木工活或者是园艺，人们更容易对自己在家做日式料理上瘾。会脑补各种知识，会逐渐通晓如何使用各式各样的特殊用具——不过你还真不需要特别多厨具。我的朋友戴维在法国巴黎学习法餐厨艺，他曾经说过："我就不盲目相信厨具多的用处。如果一个茶勺就能搞定，那干吗还要再使个带刻度的呢？"

对于最基本的日式家常烹饪来说，现有的许多西式厨具，包括配料等，已经足以应对了——只要它们的品质绝对好。问题并不在于你伸的刀或煎锅是美国的还是日本的，而是在于那刀是不是砍瓜切菜时又好使又锋利，你的煎锅和煮锅是不是能够迅速地均匀加热。切菜用了把钝刀确实一点儿都不好玩，同样，火候不够则意味着菜会变色。但凡用了大火，蔬菜和其他别的食物便会保持住明亮的颜色。

要是加上食品料理机，就再好不过了。用它绞肉糜、粉碎、擦丝什么的，简直绝了——这些料理程序恰恰经常出现在日式家常菜的烹饪里。

除了几件重要的日式器具，妈妈的东京厨房看上去极像一个小型的美式厨房。信不信由你，美食厨房中的大部分器具都可以在你的东京厨房里找到——就在你家的厨房里。

你已拥有一间东京厨房

装备

各种尺寸的锅：铝的，铸铁的，铜的，搪瓷的，陶的，不锈钢的

各种型号的炒锅

蒸笼

过滤器 / 笊篱

蔬菜切片机，擦丝器和 / 或削皮器

普通刀子

切蔬菜刀

砧板

木头或橡胶制的炒菜铲

长柄勺子

打蛋器

钳

量勺和量杯

厨用切肉刀

木制平勺

搅拌碗

滤网

食物料理机

餐具
餐盘，碗，浅口盘
餐桌布
调味品，点心和蘸料碟
扁平的餐具
茶壶，茶杯，马克杯

配料和调味料
糖
盐
胡椒
姜

要说在此基础上还需要再加些什么，只要再加一些必备品就可以开始了。你可以在"Target""Bed Bath & Beyond""Crate & Barrel"以及"Pottery Barn"，沃尔玛这样的店里找到需要的许多厨具，或者可以从QVC，eBay或者亚马孙订货。

所需食品可以在"Whole Foods""Wild Oats""Safeway""Kroger""Food Emporium""Albertsons"买到，另外，如果你碰巧住在日本或是亚洲超市附近，也可以从那里选购。其中有些东西也可以在网上订购。

购物单完备
拥有属于你的东京厨房

新装备（可选）

电饭煲

炒菜锅

新餐具（可选）

日式茶具：茶壶，茶盏和茶碟

日式或具亚洲风情的餐具：

1只两三英寸大小的瓷或陶制酱油调味瓶

1只略微大一点的瓷或陶制小壶，装天妇罗或其他餐品的调味汁

若干盘子，碗，碟

每个人基本设置到位：

- 饭碗

- 汤碗

- 两三个3～5英寸直径的盘子

- 两三上3～5英寸直径，2～3英寸深的碗

- 2个方盘或长方盘

- 3个2～3英寸直径调味盘

- 热汤面碗

- 冷面盘子，配上竹子笊篱

- 蘸碟

- 筷子和筷子架

新的基本原料和调味品（必选）

鲣鱼薄片

日本大白萝卜

日本细粒米

日本茶

厨用酒

味噌（发酵过的黄豆酱）

面条：荞麦面，乌冬（粗，白面粉制面条）

油：菜籽油，米糠油，芝麻油

米醋

米酒（清酒）

海菜：羊栖菜，昆布海苔，或日本海带；紫菜

芝麻

紫苏

酱油

豆腐

芥末

启动你的东京厨房

奇迹产出第 1 波：神奇电饭煲

是什么让日本女人一直能保持这么健康、苗条？

一个巨大的原因是她们吃米饭。有些时候一天会吃四碗米饭：

早餐，午餐，正餐，甚至小吃时间也来上一碗饭。在日本，米饭往往取代了西方饮食中的面包、甜甜圈，或者其他不那么健康、仅作果腹之用的食物。

那么这些日本女人又是怎么天天给家人做出蓬松、完美无缺的米饭呢？就像我妈妈那样，她们用的是号称"魔力大发明"的全自动电饭煲。

几年以前，有个美国朋友问我每一次都是怎么搞出这么香的米饭的。"很简单呀，"我告诉她，"用电饭煲嘛。跟咖啡机差不多，你只管把米和水放进去，再插上电源就万事大吉了。"

全自动电饭煲 1955 年在日本首次推出，对日本主妇们的日常生活来说，它是个巨大的革命。在那之前，人们煮饭得把笨重的锅架到炉灶上去。现如今，每个日本人家的厨房里头差不多都能找着一个电饭煲。它是我妈最喜欢用的厨房工具之一。要是你和你的家人打算把食用米饭作为常规饮食的话（我当然希望你这么做了），那就"投资"置办个电饭煲吧。

今时今日，在西方国家中，电饭煲煮饭变得愈发流行起来，以至于它们都上了婚前礼物的花名册。感谢互联网，我们可以广泛选择各种牌子、各种价位以及各种功能的电饭煲。用 Google 搜"电饭煲"，会出来 853000 个结果，若用它的 Froogle 电商平台搜索，便会有超过 3000 种产品分门别类，按价格和店家排列好。

一些像威廉·索诺玛和 Bed Bath & Beyond 这样的专营店，还有梅西百货、Target 这样的百货公司等等都会有种类繁多的货品供君选购。大多数价格介于 100～200 美元之间。

电饭煲可以节约时间，做米饭从不失手，可以持久地保证米饭煮出来润泽蓬松，松软却不黏腻。绝大多数电饭煲都有"保温"功能，因此米饭在煲中可以一直保温一整天，甚至保温到第二天也可以，这样一来你就可以保证今天的晚餐和第二天的早餐及中餐便当会有充足的米饭供应了。绝大多数电饭煲都配备了易清洗的不粘内胆。

简便电饭煲变通法：把米锅放在炉子上煮

如果你还不是那么肯定要不要投资买个电饭煲，你也可以简单地把锅架在炉头上做米饭，遵循包装上写明的步骤即可。多数说明都会要求先是煮沸，然后再把火调小，小火焖，直到水分蒸干为止。虽然这样做有时候不会太如你所愿，因为水还是容易溢出来——要么煮过头，以至于米饭都粘到一块儿了，要么就是火候不到，夹生——只要你准备好付些"学费"多实验实验，能够坦然面对一两次煳锅底，你离掌握煮饭诀窍、通晓你自己的独门煮饭秘籍不远了。

奇迹产出第 2 波：靠谱的炒锅

由于诸多日式家常菜都是大火爆炒的，因此，一口中式炒锅是必不可少且用途多多的厨房装备之一。

炒锅，一般直径大约 10～14 英寸，三四英寸深，圆底。要么是全碳合金，要么是铸铁的。

除了翻炒之外，还可以煎，煮，油炸，有时也可以当蒸锅使用。要是暂时还没有亚洲人一般用的厨具，最先买上这么一口锅，即可开启日式家常菜带来的好处。

我妈妈有 4 口锅。她用它们大火快速翻炒，这样既能保证菜品的营养不流失，又可保持其颜色鲜亮：胡萝卜橙黄橙黄，菠菜深绿深绿，茄子泛着华丽的紫色。其他各样的菜品，我妈也都是用她的锅来做，比如豌豆白萝卜蛋汤（详见 81 页），炒饭，还有鲜虾蔬菜天妇罗（详见 123 页）。

据日本放送协会（NHK）的数据估算，对一口炒锅来说，受热最高的部分可达的温度要远远高于平底煎锅——华氏 752 度 VS 华氏 536 度。炒锅的曲面圆底和阔口有助于环绕均匀加热，还能比较容易地掂勺。

我用炒锅煮东西、炒蔬菜，也会把水先放进去烧滚，再铺上竹盖帘，放上菜，开始蒸。

如今，你在任何地方都能挑到很好的炒锅。就像选电饭煲一样，你也可以在网上、在厨具店、百货公司，或从批发商那里选购。一口靠得住的好锅一般都是圆底，当然你大可以由着自己的喜好去选平底的；它们安放在平面的煤气灶上一点儿也不倾斜，推荐选用电炉也适用的锅。

简便好锅变通法：用你已有的

在你找到自己那口靠谱的锅之前，你可以用卡福莱煎锅、铸铁锅、镀铝不锈钢锅，或者铜锅煎炒烹炸，（上述种种材质均为优良的热导体，且耐高温）长柄有盖的深平底锅可以用来炖煮，深的宽边锅可以用来油炸。

东京厨房的餐具初始入门

由于美学是日本家常菜要集中展示的重要一部分，你可以尝试买些日式餐具，可以增强观感。

日本茶具：十分美观，将绿茶引入私人生活

我希望你会考虑将健康、美味引到自己的生活中来，如果你打算这么做，那备上一套自家的日式茶具无疑是个很棒的主意。

顺便给您提个醒，我不是在谈日本茶道。那是一种极为精巧细致、高度仪式化、几乎是一种无论是看或是参与都十分具有美感的茶道的庆典，可它并不是绝大多数日本人家每天都做的。

日本的女士和先生们每天都喝绿茶：用餐时喝，餐前餐后喝，不论是大清早起床还是晚上消遣都喝茶。（详见83页，各式日本绿茶。）日本的餐馆里，绿茶是免费供应的，就像水喉里的自来水一样。尽管日本人民也喝红茶，夏天的时候会饮用凉的大麦茶，但绿茶仍然是最普遍的饮品。

在最典型的日本餐桌上，你一定会瞅见一整套茶具置于真空包装的松脆绿茶旁，再配之以一壶开水。

在北美，人们更倾向于有自己的专属咖啡马克杯，拿它来天天喝咖啡使。同样如此，在日本人手一只茶杯。

在美国，满足日常生活需要的一套日本茶具包括一个陶瓷或是铸铁的茶壶，加上两到四个陶瓷茶杯（除非从日本进口来的，下面我会谈到这一点）。你可以买一套整个图案是搭配的，也可以单买一个，混合不同材质，然后再按自己的喜好凑成一整套。

日式茶杯可没有把手。你得用两只手捧着茶杯：一只手放在侧面，一只手托着杯底。有些茶杯会带保温盖子，有些会带小茶碟，可能是木制的，也可能是漆制的，还有可能是塑料仿漆的。一些茶杯是圆筒形，还有一些是碗形的。

在类似 Dean & Deluca，Ito-En 这样的美食餐馆或是茶馆、咖啡馆里，在 Crate & Barrel，Pottery Barn，ABC Carpet & Home，Museum of Modern Art Design Store 类似的家装城或礼品店，在百货公司，比如梅西百货，Neiman Marcus，Takeshimaya New York，在日本古董店，或像 Bed Bath& Beyond 那样的家具超级市场，均能找到日本和亚洲风情的茶壶和茶杯。

网上搜索"日本茶具"或"日本茶壶"，立刻能搜索到购买的网站链接，比如 thefragrantleaf.com 或 yuzumura.com 等等。日本进口的茶具一般是 2 只装或 5 只装茶杯，一套，不像西式茶具那样自带 4 个杯子。

简便茶具变通法：就用西式的

没有极具美感的日本茶具也没关系，可以用你现有的喝咖啡、喝茶的西式马克杯来代替。就算你爱喝红茶也没什么大不了的，无论如何，准备一个单独的茶壶会是个好主意，这样一来，红茶绿茶两种茶的味道就不会互相串了。

日式摆盘规则：如何掌握日餐控量魔法

我要告诉你日本料理控餐量的秘密——许多，许多盘子和碗，每一个都足够小，以确保可装食物的量少。照我妈妈一直说的："永远都别把盘子、碗装满。"

在日本，我们从来不像西方人那样，将不同食物往一个盘子里盛：特别将不一样的东西分别放在不一样的碗和盘里。所以当我妈妈做好 3 个小菜之后，每一道小菜上桌时会分装在 3 个小盘子或小碗里头。饭碗，汤碗当然更是分开装的。

所有碗盘都比普通的西式碗盘小得多。不同于西式餐具，日本的盘子和碗看起来各不相同，并不成套，它们只是依照大小被选来用以盛装食物，只是配角罢了。

一开始，当我和比利在纽约用日本餐具吃日餐时，真是个打击，因为差得太远了。每个餐具都特别小，我们很快就招呼了第2盘，然后是第3盘。尽管吃掉了3盘子，可是与一大盘相比，量还是少许多。但是每次只吃一点点，有助于你放慢用餐速度，细细品味每一口，最重要的是"饭吃八分饱"。

标准的日本家庭餐桌摆盘设置有如下规则：

长方形和方形盘子多用于日本餐桌，主要用来放鱼。我以前会从日本带一些来，作为纪念品送给我的那些美国朋友，因为他们觉得在日本随处可见的盘盏在这里却很难看到。不过现在方形的盘子在美国也一样随处可见了。

日式饭碗为典型陶瓷制品，外面描画着美丽的图案，通常带有相匹配的碗盖。饭碗通常四五英寸大小，两三英寸深，有着半英寸的底沿儿。

日式汤碗一般为漆制，常常配搭着盖子用以保温。市面上能找到塑料材质做成漆碗模样的，可以用洗碗机清洗，十分容易保养。这种汤碗也是四五英寸大小，两三英寸深。

日式小菜碟有多种尺寸，针对每一个人会有2到3个盘子，3至5英寸大小，再加上两三个3至5英寸大小、1至3英寸深的碗，另外还有两个方形或装鱼的标准长盘。

调味料碟一般两三英寸大小。许多东京厨房的菜品都需要调味料，置于这种小碟中，每一个客人都需要配备两三个的。

热面碗一般也是陶瓷的，由不同的颜色和图案装饰成，五六英寸大，三四英寸深。

冷面盘通常为六七英寸大见方的竹制品、漆器，或者木框围边的容器，两英寸高，内置可拆卸的竹篾条笼屉，可滤出面条的水分。

冷面蘸杯，三四英寸大，两三英寸高，一般都是陶瓷制的，不是圆的，而是标准的圆柱形。

当然了，**筷子**是每个日本人家的餐桌标配。像茶杯一样，在日本的日常饮食中，每个人都有自己的专属筷子。筷子可以是竹子的，也可以是木制的，有的还用黑漆或红漆在筷子的一端描绘着精美的图案。女人用的筷子会比男人用的短一些，孩子们用的比女人的还要更短些，只是为了适合不同大小的手。我老公和我用的是一样图案成对的套装，不同之处仅在于他那双是黑漆打底，我的是红漆。上面还有鎏金雕刻的我们的名字——这两双筷子是朋友送的礼物。我也备有好几副筷子，以供客人。

筷子架，这是典型的陶瓷制品，1.5 至 2 英寸长，0.5 至 0.75 英寸宽。会有多种多样的图案和造型。有些是简简单单、小小的、着过色的长方形；有些做成一条鱼，或是蔬菜，再不就是花儿的形状。它们不光用来架起筷子，也会为餐桌添上一抹情趣。

在这些小物件之外，还有独立的碗和盘子——日本人用来上菜的盘子、碗和碟跟在西方国家的碗碟大小差不多，通常把这些菜盘摆放于餐桌的中心位置，方便大家自己夹菜。

今天，设计精美的日式碗碟和具亚洲风情的餐具、碗筷，是大家消费得起并且很容易就可以在好些主流商家买到的。贵一些的，更加精美的也可在家居广场专卖店买到，比如 ABC Carpet & Home，Takashimaya New York，或 Barney's New York 百货商店。要是喜欢挑牌子，也可以从阿玛尼，driade 和 Alessi 买到。美国市场买到的产品，相比日本制造的，可以更适用于洗碗机清洁，也可用于微波炉使用。

在北美很难买到的，只有冷面盘和蘸料杯，因此在网上买最保险。可以访问任何一个电子商务网站，www.buy4asianlife.com，www.ekitron.com，亚马孙等等，输入关键词："荞麦面套装""荞麦面盘"即可。

> 日式美食，众所周知，富有美感。不仅好吃，更是令人赏心悦目。我想可以更深地将其归类为可以默想的美食，似乎是沉默中由瓷器奏出的音乐，黑暗中的一簇烛光。
>
> ——Junichiro Tanizaki，《赞颂阴影》

简便餐具变通法：就用你架子上现有的小盘子小碗好了

我真心建议您为自己置办一套独具日本风情的餐具，我觉得有了它们，你便会爱上它们创造出来的美好。当然，你也可以临时选用碗架上现成的餐具。

对于上述林林总总的那些杯盏，可以先看看你的碗橱柜，兴许你能找到不少替代品。

像是早上用来吃麦片粥的小碗、冰激凌碗、喝汤用的小碗，或是用来上米饭、味噌汤和一些带汤汁的小菜是再合适不过的了。一个 4 英寸大的沙拉盘简直就是给炒蔬菜，或者小块的冷豆腐预备的。而一个直径 2 英寸的橄榄碟或者开胃菜小盘，正好可以用来盛放切好的葱花、舂好的芝麻。

至于酱油嘛，可以放在奶精或者油/醋调味瓶里。蘸料碟的话，若是觉得装奶精的小壶过小，那就用酱汁船（壶）吧。

热面可以用中号大碗装，冷面则用大玻璃碗或盘，蘸酱汁用小碗即可。

特示：筷子的选择

我发现吃日本家常菜时，要是用筷子夹切得很细小的东西，会有助于放慢咀嚼的速度。你得使那么两根细木头夹起那么多吃食来，每一次夹的量都要大大少于一口。

细嚼慢咽有利健康，也从另一条路上帮助你达成"饭吃八分饱"的守则。因为它让大脑与胃并驾齐驱。一旦吃得快了，大脑就会发出信号告诉你，你离整体进食量还差多少，这样可以提醒自己饱了，或者已经吃得太多了。

细嚼慢咽能帮助你知道什么时候快饱了，也就能够适时停止不让自己食过量。

使用筷子并没有那么难，一旦你用上它们，还会发现其乐无穷呢。在家的筷子实战演习真的比你上日餐、中餐、韩餐馆学用筷子实惠多了。

在家做日餐的时候——除非你要求百分百纯粹的日本料理——我再看不出有什么迫不得已的理由不用标准的西式餐具。

最重要的是有意思和朵颐美食啊！

开启你的东京厨房

日本配料——解码和揭秘

我潜入妈妈的东京厨房时十分讶异，这里看上去就是做了减法的、简约又标准的西式厨房——炉头，水槽，砧板，碗橱，烤箱，微波炉，冰箱——然而绝大多数食材并非来自冰箱，而是从外面来的。

用近距离观察将秘密揭开吧。在这里，各种厨具随处可见，还有大量的原料和调味料，这在西式厨房中十分少见。只要你蒐够了原料、调味料，便随时可以将自己的东京厨房付诸实施了。

说起配料来，有的东西你恐怕一辈子都没听说过。你看着外包装时，想着它们发音奇怪的名称，一副让人不安又神秘可怕的样子，世界上有一种东西会叫"昆布"？它咬人不？我老公曾经问他姐姐凯特是否喝过 mugicha（一种美味的、放凉饮用的大麦茶），她的反应是："那是不是什么你非吃不可的药？"

除了非同寻常的外表和发音之外，这些食物和配料实际上都简单好用，很容易上手操作。另外，这些东西还有三个共同点：它们都是日本家居厨房的核心发电机，是烹制日本家常菜的基础，被成千上万日本妇女使用着——而她们的厨房面积可能只是你的厨房面积的一半，甚至更小。你极有可能发现它们间的绝大多数甚至全部都能与自己的口味兼容，只要你愿意拿它们练练手、试一试。

另外，你也会发现原来你家旁边的店里就有卖这些杯杯碗碗。越来越多美食广场和注重健康的超级连锁商店，比如 Whole Food 和 Wild Oats 这样的店家，总会在"亚洲风情区"设日本食品及配料专柜。如果你所在的城市有唐人街，也可以在那里的食品店购买。你也可以看看主要的连锁大超市，有好多家都出售最流行的日本家常食品，像豆腐、味噌和日本酱油。在许多绿色健康的食品店至少也可以买到日本配餐的食材。万一你家那里的市场就是买不到你想要的，那就上网采购。

最好的情况是你碰巧就住在日本店、韩国店，或是"东方各国"店附近——那里正好又销售日本食品——那不啻中了大奖，因为你能在各种各样的产品中挑选自己需要的，并且价格还比超市更便宜。

有将近 200 个主打日本食品的市场散布在美国各地，多数聚集在北加州、南加州、大纽约区，以及夏威夷等地。找找看有没有离你近一点的，查一下美国黄页日本项，然后再登录 www.ypj.com/en，键入"市场"，选择自己所在的城市和州名。

举个例子，若你住在曼哈顿，你就可以去日昇市场，那里不论东村还是苏活的店都应有尽有；JAS 市场，在 23 街、熨斗区、东村均有分店；要么就是去位于东 41 街与第 5 大道和麦迪逊大道之间的 Yagura 市场，或者位于东 59 街的 Katagiri。一过哈得逊河就是新泽西埃奇沃特广大的 Mitsuwa 市场——存储特别丰富的日式超级市场的九大分店之一——在美国能有这么样一个所在，我们真是太幸运了。

在加州，有成打成打的杂货店供君选择，包括 Mitsuwa 公司的诸多分店，还有 Nijiya 市场和 Marukai 连锁；洛杉矶的一些独立专门店；比邻奥兰治县的"小东京"，还有旧金山市的日本城。圣荷西，圣马特奥、库比蒂诺、伯克利、蒙特雷、圣地亚哥、托兰斯、圣克莱门托，以及其他加州好多城市也都有日本店。

不仅加州、纽约和夏威夷是如此——你在亚利桑那、俄勒冈、佛罗里达、佐治亚、俄亥俄和伊利诺伊州也可以找到日本店。肯塔基州位于莱克星敦雷丁路上有一个 Hibari 市场。在匹兹堡爱尔斯沃思大街上有一间"东京日食店"。甚至印第安纳波利斯都有一家"樱花"市场,就在城北头的 71 大街上。

逛日本店时,有一件很重要的事情:别让自己被那些看着很"异域"的东西给吓着。由于日本杂货店备有从日本进口过来的调味料和配料,其包装当然也是直接来自日本,这也就意味着绝大多数包装上面都是日文。不必担心,每一种产品的外包装背面通常都贴着英文标签,标注着产品名称、主要成分、营养成分、生产厂家及进口商名称。注意别被货架上琳琅满目的货品晃花了眼。谨记于心:就像各样的面包和牛奶在美国随处可见一样,每一种日本食品、配料和调料也因生产厂家不同而各异。实际上,一开始你会觉得种类太多——一下子面对这么大量的选择,任谁都会晕头转向。

我知道这种感觉。从下飞机开始,我从一个地地道道的日本女孩子冷不丁一下子给移植到令人无所适从且无处不在的美国消费文化之中,一走进超市,我就立即迷路,就算只是买个牛奶,也得在全脂、脱脂、低脂(1% 或 2%)、一半一半、无糖、豆浆、米浆等选择中费尽脑筋,还要选容量大小——而且还不仅限于挑选我想要的那个牌子。这样可不就把我搞晕乎了嘛。一想着要去买吃的东西,我就害怕紧张。

我认识一个叫梅尔·伯格的男人,他后来提醒我了。

他是纽约最顶尖的文学经纪人之一。事实上,他是我的经纪人,是个交易商。我是在一个商务活动上见到他的,这个男人既才华横溢、光彩照人,还勇者无惧。但是梅尔·伯格这位先生有个秘密的恐惧。

他住在新泽西,离日本日杂店 Mitsuwa 市场的分店很近。那里出售日本家常烹饪所需的各样食材和配料，以及装备，食品，饮料，调味料，蛋糕和甜品，新鲜蔬菜，多汁水果……其中有一些是东京飞来的航班刚刚运达的。

梅尔喜欢日本料理，可即使这样，他从未踏入过这家店的门。为什么？

"因为，"有一天他终于向我安静地坦白了，"我怕。"

"为什么怕？"我问。

他的回答是："我不知道那里面是什么。"

虽然去商店购买的产品看着挺"异域"，有可能会吓着你，但是，知识就是力量，所有不很熟悉的事物不久以后就会变得熟悉，甚至你会鼓起勇气去买上一些配料。尽管如此，有些味道对你来说可能怪了些。请不要仅仅因为你或你的家人不喜欢那个味儿，而在第一次尝试后就放弃了。每一种菜式都尝上那么一点点，直到找到自己喜欢的。也别轻易地在浅浅尝过之后就下一个"整个大品类都不喜欢"的结论，因为即使在限定的种类里头，仍然会有那么多不同的口味。

就拿味噌来举例好了。对于日本人来说，味噌无异于红酒、奶酪、咖啡之于你——司空见惯的就是可细分为多种多样的口味、香气、颜色和质感。下文中你就会读到，一些味噌温润香甜，一些咸且辛辣，一些精细滑爽，又有一些质感中带着小小的粗犷或跌宕——你可能会只喜欢某一种味噌，别的都不喜欢。

你也许并不知道自己更爱哪种风格的味噌，如此说来，你是怎么找到由哪些口味混合而成、哪个牌子的咖啡你最喜欢的呢？你是第一次试过就上瘾了，还是在许多品种之间不断变换，直至选到最喜欢的？红酒又怎么样？如果你是个红酒爱好者，我敢断定你有你的伴手心水之物，但你多半也会常补常新。当你为自己的东京厨房购物血拼的时候，就是付诸行动调查研究自己喜欢的东西的时候。试购和试吃对于烹饪和品尝来说是两大乐趣。

这是我第一次来美国尝过奶酪之后发现的道理。我成长时代的日本，我们只吃过一种奶酪——一种提炼过的、黏黏的、半硬的块状物。吃时切成小小的长方形，往烤好的面包里一夹，要么把它烤一烤，配上鸡蛋，放进沙拉或三明治里，再有就是直接吃。这就是我对奶酪的全部认识，不管怎么吃，我从来没觉得奶酪的味道或是质感有什么吸引人的地方。

后来到了美国，我才逐渐熟识了美妙的奶酪世界。在伊利诺伊州的时候，我知晓了威斯康星一带著名的奶酪。在那之后我掌握了大量其他奶酪的知识。现在我爱就着苹果片吃切成楔形尖角的奶酪。将羊乳奶酪打碎撒在干莓沙拉上；从附近一家美味的面包店买来薄片面包，再抹上从当地农产品市场淘来山羊奶酪。我也喜欢用新鲜的意大利干酪和熟透了的切片西红柿预备一些简单的菜肴，淋上些橄榄油再撒点新鲜香菜即可。因此，永远不说"永远不"！

东京厨房的关键配料

104 页上的购物单将会帮助你开启自己的东京厨房，在最初几次买日本菜原料时请带上它。购物单上几乎所有的物品都能在架子上或者冰箱里放上几周甚至一个来月，除了豆腐和白萝卜——所有这些都是日常煮食中典型的东京厨房必备及常备之物。

它们是厨房的主体，是基础。当然，你也可以按需买一些新鲜的食蔬。

下面就是你簇新的东京厨房购物单上罗列的产品介绍。

鲣鱼薄片

作为青花鱼家族之一员，鲣鱼不是整条整条搬上日本餐桌的，往往是干的、刨好的鲣鱼薄片。这些鱼片或者木鱼片对于日本饮食来说是非常重要的组成部分。大鱼片用来做鱼汤，这是最基本的烹调储备，小一些的鱼片用以点缀许多其他菜肴。

鲣鱼薄片看上去纸一样薄，像刨花一样，颜色从粉红、米色，过渡至深勃艮第色。尽管许许多多日本人自制鱼片时用一种特殊的鱼片刨刀，你也可以买到现成的装在塑料袋里的薄鱼片。煮鱼汤用的大鱼片一般 1 至 16 盎司一袋，用作装饰的小鱼片一般都是一小袋一小袋的，5 片一袋，每一片大约 0.52 至 0.88 盎司不等。

鲣鱼薄片温和细腻，烟熏过，口味回甘。就算它可能不同于以往你在西方饮食中的所见所得，你还是很容易会爱上它。

日本大白萝卜（DAIKON）

DAIKON 是一种很大的日本白萝卜，咬一口新鲜多汁，回味甘甜。住在东京的伊丽莎白·安藤是西方国家研究日本餐饮研究院院长，在其所著《美国人吃日本菜》一书中，她提到白萝卜"可能是日本菜单中头一位'多才多艺'的蔬菜——怎么吃都可以：能擦成丝、剁剁碎生吃；可蒸、可用水焯、可淋上酱汁炖；还能腌制、风干"。

我尤其喜欢用生白萝卜丝和比较油腻的菜一起上桌，因为它的辣味感，新鲜的白萝卜对于油炸食品和比较肥的鱼类来说是十分理想的平衡利器，就像西方餐饮中柠檬那样的存在。白萝卜也会为鱼汤锦上添花——浸在鱼汤中慢慢熬制时，它会变得柔滑香甜，别具风味。

美国有好几种不同种类的新鲜的白萝卜，包括绿领萝卜——这是顶端呈暗绿色的品种。买白萝卜时，挑硬实的买，不选绵软发糠的。

豌豆白萝卜蛋汤
（4人份）

这又是一道我特别喜欢的菜，同样来自妈妈的东京厨房。在成长阶段，它常常是我的早餐，伴着粗条烤面包和三两个小菜。这道菜是我妈妈原创的。菜品的味道主要是煎蛋丰富的烧烤味，而泥土芬芳则来自豌豆和小葱混合而成的清甜，柔和不刺激是黄洋葱的风味。吸溜一小口汤，层层叠加的口感汇聚至一处。简直太棒了——清爽感、满足感同时大满贯。

4只大个鸡蛋

2根香葱，去除头尾

3汤匙菜籽油或米糠油

2/3杯切好的洋葱碎末（大约半个洋葱）

2/3杯去皮后的白萝卜碎末

2个香菇，去除茎干，切成碎末

5杯鱼汤

1茶匙清酒

1 茶匙细盐

新鲜研磨的黑胡椒

20 颗豌豆（或荷兰豆），择好，斜对角切成 3 段

1 茶匙低钠酱油

1. 将鸡蛋磕入碗中，搅拌均匀。

2. 将一根葱切小段，留作汤头备用，其他葱切碎末，作装饰点缀之用。

3. 大火上锅，加入两汤匙油，旋转使其均匀覆盖在锅上。油热时，加入搅拌好的鸡蛋液，它会成为鸡蛋片，并且立刻沿着锅边沿起泡。煎蛋两分钟，或者煎至鸡蛋的中间部分不再那么松软。将鸡蛋片翻面，再煎一分钟，出锅放盘。待蛋片冷却后，将之撕成一小口一小口大小。

4. 锅中加入剩余两汤匙油。油热，加入洋葱、白萝卜和香菇。翻炒 3 分钟，倒入鱼汤、清酒、盐、研磨胡椒，加热至开锅。长柄勺撇去浮沫，减至中火，炖 3 分钟，或者炖至萝卜呈半透明状。

5. 将碎蛋饼置于汤锅，下入豌豆、葱段、酱油。大火煮一两分钟，或煮至豌豆脆软。

6. 摆四只碗，将汤分作 4 等份装碗，撒上葱花点缀。

日本短粒米

短粒白米是日本家常烹饪的标配，相较于中、长粒大米，短粒白米更润泽、更黏稠。短粒粽米，或称玄米，是其高纤维的变种。

我个人更喜欢在白米、粽米两种米中交替穿插，不时地再加上

我感兴趣的第三种米——胚芽米。这种米只经过部分研磨，所以还保持着胚芽的营养（通常在研磨时就要去除胚芽）。我发觉胚芽米比白米更有嚼劲儿，却又不像糙米那么爽口。不同于其他大米种类，胚芽米煮前免洗，这是为了保留胚芽的营养。

日本有一种品质出类拔萃的短粒大米，名为越光（Koshihikari）。一直以来只有日本产这种米，但是售卖时会有很多很多不同的品牌名称，这种芳香甘甜的大米现如今也能够在美国培育耕种了。

在我看来，美国出产的短粒米跟日本产的相比，在口感上相差无几，并且美国产的常常还比较便宜。我喜欢的一些牌子包括Kagayaki，Kokuho Rose，Tamaki 和 Lundberg Family Farms——所有这些均产自美国。

应将大米储存在密封的容器内，置于阴凉干燥处，这样往往可以储存长达一年之久。

日本茶

绿茶

从日出到日落，绿茶在日本家庭和餐馆中的使用像水一样。尽管日本人也喜欢咖啡和红茶，但始终疯狂热爱着绿茶。

我父母的饭桌上、厨房里，整天都有绿茶。我在那儿的时候，妈妈从来不用问："要来点儿茶吗？"她只管一直沏就是了。

日本绿茶非常温和、清醇，与咖啡截然相反。绿茶能让人精神焕发，清爽怡情，有健康延年的功效。不论中国还是日本，自古以来就有大量咏茶的诗篇；当代也不例外，西方健康饮食专家，像安德鲁·威尔等都歌颂过绿茶这颗抗氧化的超级巨星。

饮绿茶时永远不放糖和奶油,除非把它当作抹茶冰激凌的配料时。

绿茶的品类繁多,下面介绍时下最流行的一些:

Sencha,是传统日本家庭中最流行的一种。喜阳光。

Gyokuro,喜阴凉,是最好、最昂贵的日本绿茶。

Shin cha,也叫新茶,新近收获的绿茶,采摘于初夏时节。

Hojicha,烘焙过的绿茶叶子。倒水冲泡时,茶即是叶,叶即是茶,棕褐色。比 Sencha 更具温和口感,是水果和甜点的最佳佐饮。

Genmaicha,一种混合了绿茶叶子和烘烤过的粽米的茶品。烘烤稻米为之增添了浓厚甜润的稻壳和谷物香。

Genmaimatcha,一种混合了绿茶叶子、烘烤过的粽米、绿茶粉的茶品。口感丰富,层层递进,是我最喜欢的茶之一。

大麦茶

Mugicha(音"moo-*gee*-cha")就是大麦茶。放凉饮用。实为夏日既健康又美味的消暑降温佳品;一年到头,大麦茶都适宜成为西方人士喜欢的碳酸饮料之极好的替代品。

茶叶,茶包,瓶装茶

相对于红茶,日本绿茶呈现的形式十分多样:散装的茶叶,袋装茶包,瓶装的茶品。不同于大麦茶,我喜欢冲泡的茶叶,而不是茶包,因为冲泡时会产生更多的茶香。

在美国,你在 Peet's Coffee & Tea,Harney & Sons Master Tea Blenders,Ito-En,在 Takashimaya New York 专卖店及日本杂货店均

可买到高品质的日本绿茶。

至于马上就能喝的成品日本茶，我喜欢的一个牌子是 Tea's Tea，由日本茶公司 Ito-En 出品。有冷饮和热饮两种，许多熟食店、超市均有售。

米林酒（烹调用酒）

米林是一种味甜、色金的烹调酒，酿自于米麸，酒精含量大约 14%。瓶装，常用于日本家常菜的烹饪，用于炖菜的增味，或用于上色和调味。

味噌（发酵过的黄豆酱）

味噌是一种黏厚的、咸的、发酵过的黄豆酱，看着跟花生酱似的，通常保存在低温冷柜里，袋装或塑料盒装。

由粉碎黄豆、盐、酵母，加上大麦、大米或者小麦酿制而成。由于添加不同的谷物，味噌有千万种口味，机理、质感、香气和颜色各不相同。味噌在味道上可分为甜咸两种；在机理质感上可分为嫩滑、轻涩、浓郁（视额外添加研磨的谷物或黄豆多少）；在香气上可分为清淡、辛辣；在颜色上可分为米色、金黄、棕褐色。

味噌多种多样，一直都是日餐厨房中的主要部分。是汤头，上色，炖煮，煸炒时提香的必需品。

所谓白味噌实际上是指颜色淡黄，比其他味噌更温和、更甜的味噌。由于其复杂精细的本质，常用作调味汁（特别是蔬菜），还有一些味道相对轻淡的腌鱼或海产品。

所谓红味噌，外观呈现铁锈红色，比白味噌要粗粝，也相对咸一些。特别适合肉类腌制或调兑汤汁。红味噌中颜色最深的棕褐色产品，适合在炖煮菜肴或大鱼大肉中使用，可给人以最深刻的风味和口感。还有红白两种味噌混合在一起的品种。

可制作味噌汤，可配合其他菜式。因此许多日本厨子在冰箱里常备两三种不同的味噌，用时混合调配，以期让味噌的味道发挥得淋漓尽致。

跟酱油一样，味噌有时候含盐量较高，因此建议购买时仔细阅读商标，注意区分是否低钠或者减盐。

对于味噌的品牌，我个人非常喜欢美国味噌公司出品的"味噌大师"（Miso Master），还有"盐酱"（Westbrae）。

世界各地的厨师们都已经领略了味噌的妙处，并将这种黄豆酱运用于各式风味菜肴之中——不仅限于亚洲食谱。

记得将味噌置于密封容器内，冷藏。

味噌烧茄子

（4人份）

日本茄子的大小和形状多种多样，各不相同。即使不同，也要比美国市场上卖的跟足球一般大小的茄子小得多。另外，日本茄子的肌理更加紧致，口感上也更鲜甜。具体到这道菜，尽量准备好4根4英寸长的茄子，在日本人看来，这样的茄子大小适中。

浓厚的味噌酱在这道菜的表现上，可以添加叫人心旷神怡的味噌甜香，以至于我丈夫比利把味噌直接称为"日式烧烤酱"。

1磅日本茄子（或意大利茄子），去茎、根，切小块

2 汤匙米林料酒

2 汤匙红味噌

2 茶匙白糖

1 茶匙清酒

1 杯菜籽油或米糠油

1 个绿甜椒，去核、籽，切小块

1 茶匙白芝麻

1/2 茶匙香油

1. 用水浸泡茄子块几分钟。沥干，用纸巾挤出茄块中水分。

2. 将米林料酒、味噌、白糖、清酒放入小碗，搅拌均匀，备用。

3. 炒锅或者大号煎锅中倒入油，中火加热至 180 度。如果手头没有温度计，可用一小块新鲜面包块测试油温。若面包升起并且立刻变成金黄，表示油温够了。下入茄块，让果肉面朝下浸入油里，煎三分钟，注意调整火候，尽量保持在 180 度左右的油温。轮换着将茄块各面再煎一两分钟，或煎到茄肉部分松软。用木制串烧签试试熟度：一定煮到能够轻易扎进为止。将煎好的茄块移至两层纸巾上，切面向下控油。

4. 将油从锅内倒入金属容器（或丢弃或他用），锅内仍留油少许。将锅置于中火，下入青椒炒 2 分钟，或炒至青椒呈亮绿色。加入茄块和味噌，轻轻翻炒，使蔬菜均匀沾上味噌汁。装盘，撒上芝麻点缀，最后淋上香油。

面条

日本是个面条"泛滥"的国家。从北海道北岛到琉球列岛以南的九州,私家面馆比比皆是。我妈妈特别喜欢做不同的面条,我也是。我在日本吃过的一些特别好吃的面条(当然是除了妈妈做的之外),就是来自那些"老爸老妈"面馆。无论何时回东京的家,我下飞机后的第一餐几乎都是一碗面。日本面分为两大阵营:一派是荞麦面,一派是白小麦面粉制成的乌冬面。

鸡蛋面和拉面在日本也很流行,前者大多数是速食汤面,后者则由专门的拉面店供应。

荞麦面

Soba 是荞麦制成的面。它们较细,灰褐色,口感如丝般顺滑,筋道有嚼劲儿。热荞麦面一般做成汤面,冷面一般配甜蘸酱。(详见第 169 至 172 页,冷、热荞麦面做法)

由于荞麦面粉缺少麸质——该成分在小麦面粉中起到提亮咀嚼感的功用——所以大多数面条制作者会在和面时加一点淀粉,可也有一些荞麦面制造商加入过多淀粉类(以白小麦面粉或者土豆淀粉的形式)——主要是为了降低成本,因为荞麦面面粉要比其他各类面粉成本更高,这样做的结果就是纯度不高的荞麦面条缺失了其本真的独特风味。

尽量找到百分百原味的荞麦面面条,它独有的、来自荞麦的口感着实值得这一寻觅。举个例子来说,Eden 这个食品牌子,就在网上销售荞麦面条。铁杆荞麦面条粉丝们认为,那些深棕色的面条品质最佳。

乌冬面和其他小麦面粉所制面条

白小麦面粉制作的面条中，以乌冬面最为流行。条粗，色白，嚼着特别带劲。食用乌冬面时，通常配以热汤，面上覆盖以各种浇头；也可蘸调味酱料冷食。

你或许也会遇见其他好吃的白面粉制面条，比如碁子面（Kishimen），这也是种很有嚼劲的面条，又宽又扁，与意大利奶油酱汁面很像。素面（Somen），雪一样白，细得像天使的头发丝，通常在夏天以冷面形象示人。比之稍稍粗一些的素面是 Hiyamugi，它的粗细介于素面与乌冬面之间。

———————

我认为，与意大利面相比，新鲜面条口感更佳。在日本，训练有素的面条师傅会在家里售卖自己手工制作的荞麦面和乌冬面。在西方国家则难以找到新鲜制作的荞麦面和乌冬面，因此，我的东京厨房里所示的所有面条配料均以干面代替。但也休得担心，高品质的干荞麦面和乌冬面唾手可得，并且一样美味。

油品

菜籽油

菜籽油是最好的烹调用油之一，因其含有较高的好脂肪——多不饱和脂肪和单不饱和脂肪——及最佳配比的饱和脂肪。若忽略其氢化形态，它完全没有任何一点反式肪脂——这被认为是坏脂肪酸。由于菜籽油自身有一点味道，我发现用它炒蔬菜可使蔬菜原味更加出众。基于以上原因，我把菜籽油也列为东京厨房的诀窍之一，要用厨用油时就用它。

在东京，我妈妈煎炒的时候几乎用的都是菜籽油。不时也用橄榄油做西式菜肴，橄榄油本身的味道可让菜品产生较强烈的滋味，但对于日餐来说，它的味道有些太重了。

尽量使用未氢化的菜籽油。

米糠油

米糠油是一种十分轻淡、用稻米外壳膜精细压榨的烹饪用油。用于煎炒再好不过。它比菜籽油更清淡，自身无味，同时富含好脂肪，多、单不饱和脂肪酸等等。把它当作你的东京厨房里另一种理想健康的好烹调油吧。

只是米糠油在超市里并不常见，要是你想试试，可以在网络上搜索或者去日本店看看。

芝麻油

此种油从压榨芝麻中得来，具体有两种形态：淡芝麻油，浓芝麻油（也称熟油）。清淡的芝麻油比较柔滑，颜色较浅。其强烈的、易识别的风味特别适合为菜品锦上添花。我妈妈爱往新鲜出锅的菜上滴几滴浓芝麻油，因为热度会使芝麻油变得更香。

芝麻油也可以用来炒菜，但我很少这么尝试，因为它比较容易煳。相反，我会在关火时往蔬菜上洒几滴，拌沙拉时也习惯滴上几滴（具体菜谱详见第142至143页）。

米醋

在煎炒之外，日本烹饪中还有烹、炸、蒸、煮、炖等等类项，除了这些，还有第四大类："醋"之菜肴。典型以开胃前菜和小菜示之。用于这些小菜的米醋分别酿制于白米和粽米。普通米醋的颜色由淡黄到金黄，而粽米醋则是由棕到黑。粽米醋的口感要比普通米醋柔和——虽然后者总体来说已经没有外国醋的辛辣和苦了。就算我自己做西式沙拉，我也更喜欢自己用米醋调汁，因为它没有红醋或白醋那么酸。如果你吃过寿司，那么对日餐米饭里放醋的做法就应该比较熟悉了，因为寿司米里就混合了醋、糖和盐。

米酒（清酒）

清酒，米发酵酿制而成，不仅可以当作清淡的酒精饮品，也可以起到在许多日本菜式中画龙点睛的妙用。清酒可以广泛用于炖菜、酱汁和调味敷料上。我妈妈的东京厨房里就有少量清酒，用作平衡她看家菜里的各种甜香的法宝。

清酒有千百种，跟酒一样，也分不同的品质、价格、口味，有的干一些，有的特别甜。我妈妈做菜时喜欢用高品质的清酒。像所有最好的西方厨师做菜时避免使用烹调料酒一样，她也远离所谓的"烹调清酒"，因为这些酒里加了糖、盐之类的，她认为帮了倒忙并且削弱了她菜肴的品质。

因为清酒在烹饪时酒精会随之挥发，所以即使你不喝酒，仍然可以用清酒做菜。

海菜（海带）

海菜在日餐中扮演了主要的角色。它们富含营养，美味，并且无所不能。海菜的本事既能在冷食沙拉中体现，又可添加在米饭和面条里，嘎吱嘎吱地十分醒目。

羊栖菜

羊栖菜是一种深色海草，体征表现为细、干，像缎带一样一缕一缕的，为许多日式家常菜的基础。新鲜羊栖菜收获时为红棕色，水分蒸发并且干燥以后则会变成黑色，市面上卖的就是这种颜色的。在煮羊栖菜前，必须先用冷水发开。

昆布（海带）

昆布在日本被认为是海菜之王。它是一种海藻，厚实、叶状、棕绿色。在日本本土以外的地方，昆布多以晒干的形式出现，常常被切成 1 英寸乘以 5 英寸到 5 英寸乘以 10 英寸的块炖汤。

与鲣鱼干一起煮时，昆布会使鱼汤成功成为鲜亮的高汤，应用于大多数日本菜肴中。昆布也适于慢慢地煮食（佐以米饭），干海带当小零食也很不错。

海苔 / 紫菜

日本以外的地方通常将它叫作紫菜，指的是薄片干海菜，颜色上会有松针绿到黑紫色不等。如果之前你吃过寿司卷，你就一定也吃到过它。它就是那一层松脆、墨绿色、裹在加了醋的米饭外面的物质（实际上时间稍长一些它会变软、耐嚼）。

用到海苔的流行的日本小吃有饭团。每间便利店都有一个专门的货架全部用来放这些小小的包有蔬菜或是鱼类的饭团（也有三角形的饭团），它们都是用海苔来包裹的。

用来制作寿司的海苔通常为烤制好、标签上注明了"寿司用海苔"的品种。须得烤过之后才能最大限度发挥出海苔的风味和爽脆口感。寿司海苔基本上为 8 英寸的正方形，一袋里有好多片。因为海苔若暴露于空气中，其爽脆度会受影响，所以任何时候都应该即时取用即时封好袋口。应用密封的容器或顶部带拉链的袋子存储海苔。

海苔碎末常常用以点缀米饭和面条。你可以购买事先已经切好的现成海苔末，也可以自己动手切：将一片海苔切成 1/8 英寸大小的细条（也可以像我似的切成小方块）。

调过味的海苔在市面上也很容易买到。商店有售脆脆的片装海苔，它们被刷上甜酱油，放进小长方盒子里，一盒只有少量几片。热米饭时裹上调味海苔，是日本早餐的吃法，易学易做。只需简单地拿一片调好味的海苔，在它的一面飞快地蘸上酱油，然后用它包上饭碗里的一口热饭即可。还有就是把调味海苔手撕成小片，往米饭上一撒即可。

羊栖菜、海菜煎豆腐
（4 人份）

这道菜只需要很少量的干羊栖菜，所以不用担心你没有那么多材料。这种富含营养的海菜，或者说海带，看上去一小坨、黑乎乎的，非得经过浸泡和烹煮才膨胀开来。羊栖菜具有脆软的肌理和海洋植物的自然风味。柔滑肉感的豆腐片再加上鱼汤打底的高汤汁与羊栖菜相得益彰，可煮成一道小而精的菜品。

1/4 杯干羊栖菜（海菜）

1/2 3×5 英寸长方形普通豆腐（稍微煎过的）

1 汤匙清酒

1 汤匙米林料酒

2½ 茶匙低钠酱油

1 茶匙白糖

1/4 茶匙盐

1½ 茶匙菜籽油或米糠油

1. 一碗冷水冲洗羊栖菜，放于网格上沥去水分。
2. 微温水浸泡洗净的羊栖菜，遵照包装上的说明，泡软，约半小时，沥去水分。
3. 煮一锅开水，放入一半豆腐，中火慢煮，不时翻动，约一分钟。（这样会去除掉豆腐里的油）将豆腐呈对角线切成两半，再将每一半切成细条。
4. 将高汤、清酒、米林、酱油、糖和盐倒入小碗中。搅动至糖融化。
5. 用不粘锅将油中火加热，倒入羊栖菜翻炒 5 分钟，翻动油煎豆腐条。
6. 倒入调和好的高汤，将火减至中低，煮 12 至 15 分钟，或煮至液体蒸发掉。羊栖菜经过烹调吸收了汤汁膨胀开来，装盘。

芝麻

在日本家常烹饪中，黑芝麻、白芝麻给所有菜肴都添了自己的一份香味。我强力推荐购买生的全粒白芝麻备用。只在用时才炒熟，让它发出奶油一般的浓香。芝麻可用来装饰、点缀蔬菜，豆腐，海鲜和各种肉菜，也可用以蘸料汁。

碾磨芝麻可将其变成芝麻片，它是做调料和酱汁的基础。大多数日本菜都会用木槌，在名为"摺钵山"的带有螺纹的陶碗中将芝麻碾碎。你也可以用食品料理机、木槌或者杵子碾，要么就买已经碾好的。但我更喜欢用时才碾，这样更能达到提香的目的。

烘烤白芝麻

1/4 杯全粒白芝麻

1. 烘烤芝麻时，将其放在一个中号的干燥锅子里，开中火。环形晃动锅子，距火焰约 1 英寸（或者加热线圈炉），以便芝麻一直在锅底内旋转。保持同样动作直至芝麻呈闪亮的蜜糖颜色，约 6 分钟。注意观察芝麻，因为它们快熟时会迅速变为棕色。此时需立即将锅从火上移开，将芝麻倒入碗中冷却，以免馊掉。

2. 碾磨烘好的芝麻籽时，将其置于食品料理机，用金属刀片打碎至仅是粗粝的、剁碎的形态（太碎了就变成芝麻酱了）。要不然就用木杵臼子研磨。也可以砧板上铺一块大布，把芝麻放在中心处，将布对折，小心将芝麻均匀铺平，用一把大刀，隔着布"剁"。刀片不会真正粉碎芝麻，只是把它们敲打成整齐一致的薄片。

紫苏

紫苏是一种薄荷科草本植物。少量就会散发出浓郁的香气，口味有些像薄荷。紫苏叶子约略两英寸见方，带着蝴蝶翅膀形边缘的心形叶子。紫苏颜色有绿色和紫红色不等。整片紫苏叶在日餐中通常用作生鱼片的装饰，也是制作天妇罗的原料之一。切得细细的紫苏叶可用来做豆腐或其他菜式的配料，干红紫苏叶也可以切碎撒在热米饭上添香。初夏时节，将粉中带白的紫苏花稍微蒸一蒸，是时令又能食用又能作装饰的好东西。所有的紫苏叶子在我的东京厨房菜谱中均被列为新鲜、绿色的。在亚洲店、日本店、美食街或菜市场都能买到。

东京炸鸡
（4人份）

炸过之后的鸡块呈生姜一般的金黄色，香脆而不油腻。成功的诀窍在于使用高温、清洁的油，一次只炸巴掌大那么多（此为避免空间不充裕，油温一下子被降下来，导致炸出来的鸡块软塌塌、油腻腻——和你想要的效果恰恰相反）。粉碎的紫苏正是炸鸡块的完美平衡，就因为它胡椒一般的新鲜味道可以完美抵消掉鸡块炸过的外表之油腻。

4块无骨无皮的鸡胸肉（每块约4～6盎司重），切成小块

1块2英寸长的新鲜生姜

1汤匙低钠酱油

2 茶匙清酒

1 茶匙米林

半杯土豆或者玉米淀粉

大约 2 杯菜籽油或米糠油，炸鸡用

4 片紫苏叶装饰用，切成很细的小条

低钠酱油食时备用

1. 将鸡块放于中号碗中。

2. 预备小碗、棉布。将生姜擦碎，用棉布裹着将姜汁挤入碗内。约可挤出 1 勺半姜汁。将姜汁、酱油、清酒、米林依次淋在鸡块上。让鸡块均匀沾上料汁，腌制 10 分钟。

3. 把玉米淀粉置于小碗中。将鸡块从腌泡汁取出，用厨房纸巾把剩余腌汁拭干净。一次只选几小块，裹上淀粉，翻转沾匀，置于盘上备用。

4. 加热油锅或者大号深底锅，中火，加温至 180 度左右。如果没有温度计，使用一小块面粉试温。如果面粉表面隆起并且立刻变得金黄，那就表明油温够高了。分批炸，将 1/3 的鸡块放入油锅中。每面炸 1 分钟（必要时调整油温，以保证温度保持在 180 度左右），或者炸至金黄，炸透（捞起一块切开看看）。将炸好的鸡块移至摆放两层纸巾的餐盘上。将油温调回至 180 度，把剩余的鸡块同样炸好。

5. 将鸡块移至大餐盘，撒上紫苏条，上桌。随之佐以小瓶酱油，好让每一食客自取自用。

酱油

酱油，是整个日本家常菜的骨干力量。呈深棕色的液态，以黄豆、大麦（或小麦）、盐、水酿制而成，具有独特的浓厚味道，赋予日餐不二的风味。另外也可给汤、料汁、腌泡汁、敷料等调味。酱油也是食用很多菜式时必不可少的必备品，比如寿司。

即使这样，*使用酱油也一定要谨慎*。许多西方人在食用酱油时都犯了错，没有注意到星星之火可以燎原。用得适宜和适量，酱油就会引出而不是盖掉食材本原的天然风味。

由于常规酱油往往含钠较高，我觉得日本料理还是隐隐有一点不那么健康的因素在的（一些不同种类的味噌也存在同样的问题）。

但尽管如此，还是有解决之道的：使用*低钠酱油*即可。

对我来说，与普通酱油相比，低钠酱油的味道，如果不说更好，至少不比普通酱油差。大多数超级市场都有卖低钠酱油。本书中所有的东京厨房菜谱，也都倡导使用低钠酱油。

高质素、无小麦替代物的酱油非常受欢迎，因为它既健康，又避免有些人对小麦类过敏的情况。尝起来跟一般酱油别无二致，适用于制作各种低钠产品。

豆腐

豆腐为豆浆的凝结物，由黄豆制成，凝成块状。

大多数豆腐颜色白中带些淡黄，像香草冰激凌似的。不同于在美国的情形，那里的豆腐还没有来得及建立起类似于嬉皮风格的知名度，至今仍为索然无味的健康食品而已，但是豆腐在日本却百分之百受大家热爱。在大多数日本家常菜烹饪中，它的地位类似于肉类或土豆的地位，我妈妈也很喜欢做豆腐，总是有千百种好吃美味的办法等着它。

食用豆腐的优点之一就是它富含高蛋白，其结果就是它能取代所有肉类、禽类、和海鲜类菜品。好品质的豆腐会传达出精细微妙的、纯净的、清淡的、自然的豆香。

豆腐有着让人难以想象的多种做法和食法。可以被放进开胃小菜、汤、主菜、调味品、甜点里。你也可以就那么吃——不论热的，冷的——只要加上不同的配料即可。

豆腐会用它宽泛的种类去提升食客的味觉感受，就看怎么做了。以蒸豆腐为例，蒸煮会让豆腐变得丰满水润；炒呢，能让它脆、紧致并颜色金黄美丽；炖，会让它变得更加软嫩、多汁；用料理机或单纯拌一拌，会让豆腐变得像酸奶那样滋味浓厚。

市面上所见豆腐类型实为多种多样。大众所知的两类是比较基本的：一类是丝一般的，一类是像棉的。这两类的不同之处在于其紧致度。由于各个豆腐生产厂商形容此两大基本款豆腐的不同品种时，所用语言并不全然相同，所以下面跟进一些相对全面的描述，希望能够帮助你更加全面地了解豆腐。

绢豆腐，超级精致细腻，瓷一般的颜色，从内到外都体现出奶油布丁一般的质感。这种丝滑质感的达成，是因为这样的豆腐——不同于棉豆腐——凝结时没有挤压消除出过多的水分。

对于它呈现出的诱人外表和"一向如此精妙"的口味，绢豆腐会被用来熬制精美的汤，或者冷藏后佐以各种配料凉拌了食用。

绢豆腐太嫩了，以至于我妈妈要用它做菜时，会把这易损易碎的豆腐块直接从容器里拿出放到自己的左手掌心上，然后右手把刀，非常小心地将它切成均匀的豆腐丁，再十分小心地把它们放在盘中，或滑入文火煮着的水或汤里。之所以这么轻拿轻放，是为了力争保持豆腐的完整成形。小小的豆腐丁漂浮在清汤锅里，看着是那么那么美丽。要是她在砧板上切绢豆腐，从砧板到盘子到锅子的传输过程中，就可能会有一些边边角角的破损。

绢豆腐是封装在含水的密封袋子里售卖的，也有脱水无菌包装的。脱水包装指的是它可以放在货架上长久保存着。含水包装品种的保质期比较短，打开包装后要尽快食用才好。

棉豆腐（在日本就这么叫它），也称硬豆腐、板豆腐，这种豆腐不像绢豆腐那么易碎。虽然称其为"硬"，但就着豆腐的质感来的，常常标签上写着"软""中硬""硬""特硬"。一般来说，本书中所言及的棉豆腐通常指的是硬质地的豆腐，虽然只是口味上的区别。

因为棉豆腐的制作过程完全不同于绢豆腐，其中有一道工序是将豆奶中的凝乳从乳清中分离出来，然后再压紧凝乳，因此棉豆腐的质地要硬得多（即使那些被称之为"软"的品种）。棉豆腐看起来比绢豆腐粗糙，口感也坚实些，也正因为此，更适合炒着吃、炭烧、久煮等等。几乎所有棉豆腐都是以充满水的盒装面市。

美国有很多不同的豆腐生产厂商，一些牌子，比如易货贸易，丝、棉两种豆腐都生产——他家的绢豆腐只有一种，出产的棉豆腐有软、硬、特硬质地3种。House Foods America 也生产这两大类豆腐，绢豆腐分为极嫩、嫩两种，棉豆腐则有中硬、硬、特硬三种。Mori-Nu 只出品绢豆腐，但他们的绢豆腐又细分成软、硬、特硬。

炸豆腐也有的卖。炸过之后的豆腐，质地会变硬，被赋予更为诱人的肉质感，作为汤和蔬菜类的配品再合适不过。

香煎老厚豆腐，也称阿婆豆腐。薄油炸豆腐，炸的就是普通豆腐。

不论厚还是薄炸，炸过之后的豆腐表皮都会变成金黄，内里奶油一般润泽。老豆腐装在密封的塑料袋里，普通的炸豆腐则装在普通的塑料袋里。美国通常是放在"日本市场货品"的专门冷柜里，冷藏售卖。

炭烧豆腐（Yakidofu），或称烤豆腐，用的是经烤过且表面留有烘焦痕迹的硬棉豆腐。将其装在水润塑料袋中，像其他各种棉豆腐的分装一样，吃着会有少许烟熏过的味道，在日本多被用于寿喜烧。

由于所有品种豆腐——除了防腐包装的绢豆腐之外——均容易变质，所以选购后务必于两日内食用。一旦开封，必须置于冰箱中加盖冷水冷藏。

炖多汁豆腐
（4 人份）

把豆腐块放置于鱼汤中时，它们会吸收汤汁并且相当肉感多汁。各种配料辅料为这道菜品提供了各种必要的调味，需要确切知道熬汤时要往里头加什么样的豆腐,既要预防豆腐被过度烹饪,也要防止豆腐块可能变硬或易碎。这样一道热乎乎的菜式无疑是寒冷的夜晚或初冬午餐佳肴的绝佳选择。

1杯鲜榨柠檬汁(或青柠汁)

半杯低钠酱油

3餐匙米林

半杯鲣鱼薄片

4片紫苏叶,切成细条

2根香葱,头尾去掉,切成葱花

5杯鱼汤

2块一磅重绢豆腐或者棉豆腐

1. 小碗中混合柠檬汁、酱油、米林,作为蘸料汁。

2. 小碟盛鲣鱼薄片,紫苏叶小条和香葱装小盘,作为装饰料上桌备用,备好4只蘸料碟。

3. 将鱼汤放入耐热砂锅。尽管烹调时豆腐是无遮盖的,可通常砂锅都带有锅盖,当起锅上桌时,盖上锅盖保温。先用冷水轻轻冲洗豆腐,将每一块切成若干小块,将之添入鱼汤,调至中火煮。豆腐块会因为汤的热度膨胀开来。开锅时调小火,煮4分钟。起锅时盖上盖子,将其置于桌子正中的三角搁架上。

4. 吃时每一食客舀大约两餐匙蘸料汁,放到自己面前的小碗内,用小长柄勺子从热汤中捞几块豆腐,将少许鱼汤也放进小碗。

随意添加其他装饰小料。

东京厨房贴士

为避免将豆腐煮得过老或者质感口感都不好的诀窍是：不要过度烹调豆腐。

山葵

山葵酱是一种日本大众化的调味品，混合了热和辣，有直冲鼻腔、醍醐灌顶一般的感觉。不同于其他长在土里的山葵科植物，制成山葵酱的山葵生长于寒冷薄雾的日本高山地区。其根茎，也是可食用的这部分，通常只有 1 英寸粗，3～6 英寸长。

因为产量和耕种的原因，山葵酱十分昂贵。这也是为什么许多商店卖的都是打着山葵酱的名号却便宜很多的替代品。若你曾经在日本吃过价格不贵的寿司或生鱼片，那很有可能店家会给你上的是一小坨淡绿色的酱料，其原料主要来自芥末和/或山葵粉以及绿色的食用色素。它尖锐辛辣，炽热难当，却味道全无。跟真正新鲜研磨制作出的山葵酱全然不同。

一个很不错的变通方法是买一些新鲜山葵，使用之前自己现磨。再把这些现磨好的真正的山葵酱存放在管子里。在 www.freshwasabi.com 网站，你可定购管子。你若实在非真货不吃，那也可以买一棵山葵植物回来自行栽培。

除了寿司和生鱼片，山葵酱还是冷荞麦面、冷豆腐，以及各种鱼炙和炭烧鸡肉类的佐餐佳品。

你的东京厨房购物清单：去哪儿买

买什么……

	超市	本店/亚洲店	网络
鲣鱼片	✓	✓	✓
白萝卜	✓	✓	✓
日式短粒大米	✓	✓	✓
日本茶	✓	✓	✓
米林（烹调料酒）	✓	✓	✓
味噌（黄豆发酵酱）	✓	✓	✓
面条：荞麦面和乌冬面	✓	✓	✓
油：菜籽油，芝麻油	✓	✓	✓
油：米糠油	✓	✓	✓
米醋	✓	✓	✓
清酒	销售酒的商铺		
海菜：羊栖菜，海带，海苔	✓	✓	✓
芝麻	✓	✓	✓
紫苏	✓	✓	✓
酱油	✓	✓	✓
豆腐	✓	✓	✓
山葵酱	✓	✓	✓

＊尽量购买低钠低盐酱油和味噌

日本家常烹饪解密

日本食物意味着……

传说	真相
只能吃馆子	家常菜跟餐馆一样好吃
只是寿司	大量健康美味菜肴

备餐很麻烦	简单趣味多
繁复达不到	省事便捷快
神秘可怕	暖心乐见
贵	完全吃得起
时不时吃一餐	日餐健康美丽一生
食材不易得	正相反，易得
要购置特别厨具	只添三两件即可
要用筷子	用不用筷子悉听尊便
老外的	像美国人的苹果派和比萨

第五章
日本家常菜的七大支柱

> 若你从前因为吃过什么菜而留下了美好印象,那你就会因此多活 75 天。再好的山珍海味也不敌家里的粗茶淡饭。
>
> ——日本民谚

日本家常菜中有 7 大支柱,它们存在于烹调传统之中,屹立了绵绵千年。真的,近几年这些支柱——鱼、蔬菜、米、黄豆、面条、茶和水果依然为广大日本妇女和她们的家人一代一代传承——并且还采用了西方饮食的烹饪技术和食材,创建出多种多样的新菜品。推陈出新发扬光大是没错,但与传统绝大多数日餐的品相仍然保持了基本一致,这些支柱仍可回溯至武士时代——甚至可说是日本国历史的开创时期——回溯至创制了日本民族其本身的那个女人的餐桌。

她就是女王卑弥呼(Queen Himiko)。

我们对她知之甚少,并且所知的并非来自日本本国的历史记载(到现在也没有相关记载),而是来自中国宫廷历史。公元 180 年前的 20 年间，从表面上看，有一连串男性的部落头领徒劳地试图统治现今日本所在的区域，可是只有在各种混乱和战争全部平息以及各种条件完全成熟之下才有可能。

"于是，一位叫卑弥呼的女子出现了，"据《魏志》记载——一个中国外交人员所著的历史学报告——"人们拥戴这个女子成为他们的统治者。"卑弥呼是个巫婆，或者说是个女巫，报告是这样写的："她整个人里外都是魔法和巫术，且施于众人。"今天，我们或者可以称她为一个有着神赐能力的精神领袖。

不管卑弥呼女王称王的秘密是什么，她看上去还是给历史增添了一抹亮色。

公元 180 年，卑弥呼女王合并了十几个邻近部落并且创立了一个统一的国家——倭（Wa），也称邪马台国，成为日本国的初创雏形。女王身边围绕着不下 1000 人的女副官，还有一支随时待命、一触即发的全套特警队，她把他们安排在宫殿四周的堡垒上和围栏边。当权力延及周边国家时，她与中国互派外交使节，还从中国宫廷获得了成箱成箱的精美好礼，其中就包括白铜铜镜，在她的巫术仪式和敬神活动中曾用到。

她的臣子们多为渔民、农民，他们过着平安和乐的日子，吃食偏重蔬菜、米和鱼，非常健康。她自己对饮食苛求到设立一位专门人士来负责她的独家餐点。这一位着实是个多面手，他还是女王的对外发言人和服饰统筹官。或许他也引导了那一时代的流行风——女人盘得错综复杂的头发，裹上带头巾的长袍，男人用树皮做的运动发带。

卑弥呼女王在位至少 60 个年头。

她卒于公元 248 年，活了差不多 80 岁——这一岁数与当今日本女性的目标寿命 85 岁相差无几。

卑弥呼女王的极奢风陵寝从未被发现，甚至连位置都无人知晓。但是在过去的一个世纪里，考古学家已经在日本不同地点发现了古代中国图样的铜镜，许多铜镜上标示的日期和说明文字证实来自卑弥呼时代。

日本食品专家永山久雄研究表明，卑弥呼女王的皇家菜谱上就有烤河鱼、香葱、米、草本植物、野猪、栗子、胡桃、裙带海菜和一些山地蔬菜。2005 年 1 月 24 日，日本城阳市（Joyo）学童们为纪念该女王做出的特殊贡献，包括为日本传统饮食做出的贡献，同学们准备了女王在位时在特别的日子里所吃的食物。为纪念这位年代久远的女王，每一位学生都吃了顿"卑弥呼午餐"，这顿饭被认为是由米饭、蛤蜊清汤和一种我特别喜爱的蔬菜——炖土豆构成。

让我们立即揭开日本家常饮食七大支柱的面纱，看如何把它们结合到一块儿，其中包括味噌汤炖蛤蜊，看它是如何好到让女王卑弥呼把它加到御厨里。

我正走过东京最著名的一座桥。

不，实际上我要跑起来了，因为我想跟上妈妈，她正以迅雷般的速度飞越东京的街道。

我不知道这是否她常规的饮食或是基因所决定的，但这个女人真心让人感动。

一大早，我们朝着她最心爱的一个购物方向行进，一个城内最负盛名的地方：日常生活中花费最多，充满血腥，充斥着忙乱的筑地鱼市场。

巨大的筑地鱼市汇集了大多数海产品精华，在那里，人们选购、拨弄、讨价还价、活杀，竞拍时价高者得。每一天估计有500万磅的鱼，活鲜的，冰鲜的，要在这个占地56亩且混杂了仓库、机房、船坞的码头转移流通，其最终的目的地就是那些餐馆、百货公司、快餐店、餐盘及热爱鱼产品的老饕们。

为了去鱼市，我妈和我从东京市区一路穿街过巷，脚下路过的这座桥就是"日本桥"，是古代贸易时通往京都和大阪的起始点，是商业文化的中心，它的崛起全都拜万能的鱼所赐。在1603年，它还是座木头桥，至1911年重建时被筑成石桥，桥头有龙的日本桥更是为数不多的早期遗迹之一——可回溯至江户时代——从那时一直保留到今天，尽管它几乎要被从我们头顶横空飞过的其他现代交通工具所淹没。

要去筑地鱼市，我们还得穿越迷失，穿越看不见的江户心脏（东京在1603—1868年间仍为江户）。一些日本人对古老的江户时代和江户文化，怀旧感特别强烈，他们一直珍视着这里那里惊鸿一瞥隐约闪现的场景，这些场景属于几乎已经被举世遗忘了的遥远过去。你可以在崎岖狭窄的街道阴影里感觉到；可以在小小的房屋、只卖海菜干货店或果子店的骄傲的大叔大妈脸上看到。好多家这样的店都是家族买卖，并且足以追溯回到江户时代。

若你步入时间的卷轴回到江户时代早期——1690年左右——走在同样的街道上，在饭点时看到的那一家私宅，八成就是我妈妈锁定今晚用餐的那一家那一户：米饭，味噌汤，腌制小菜，炖菜，豆腐，再加上一块烤鱼。

也会看到源源不断的旅行者云集在日本桥畔——其中好些是商人，满载一车或是成筐的咸鱼。据亲眼看见过的人讲，自打1692年以后，好多人就会随带印好的美食指南，那上面会列出街道两边哪家店最好吃，连价格也会列在上头。它们比法国最早一间米其林餐厅还要早上200年——比查格餐馆评鉴（zagat）① 要早将近300年。

鱼市以前就位于日本桥区域。早在江户时代，将军或是军队首脑德川家康 Ieyasu Tokugawa 赋予了渔民运营江户海湾的权利。他们会把最新鲜、最好的鱼虾直接送去将军江户城堡的家里，剩下的则卖给当地百姓——这也正是这个巨大的鱼市延续到如今的发端。

1923年的大地震毁掉了原始的鱼市，重建的新市场就造在了离日本桥往西南半英里的筑地区域。

穿过邻近京桥和银座的窄街，我和妈妈终于到达住田和筑地两河交汇的筑地鱼市场。甚至还没看见它就已经先闻到了味道，弥漫着浓厚的海产品味儿明确昭示着它的存在。

如果说日本菜中也有个阿波罗神庙的话，那么这里就是。

我们向着家常日餐中的第一个支柱，鱼，越来越近了。

---

① 美国一家对景点、饭店、旅馆等旅游企业进行评估的公司。

第一大支柱：鱼

进到筑地鱼市，周围随处可见一大帮或推着手推车，或走得飞快，或快速开着满载着大鱼的叉车工人。

大老远就能看见巨大的制冰机如瀑布一般往集装箱里吐着冰，水花溅得到处都是，商人们一边小跑着，一边有条不紊地往收拾好的金枪鱼上喷水。

十分专业的男人们拿着剪贴板和图章走来走去，就像纽约证券交易所里的交易员，区别只是鱼市里的他们穿着长筒胶靴。实际上，这还真像纽交所，只是交易对象换成了鱼。每天早上5点开始，喧闹的国产鱼拍卖就在市场内部的礼堂开始了。拍卖会让你尖叫，价钱却是可以商量的。日本电视台新闻报道说金枪鱼的价格波动几乎就是日本经济状况的关键指标。

此鱼市被工业巨力鱼类批发商和买家推动着，但像我们这样的普通市民消费者也可以进去。我还是个小女孩的时候就经常跟妈妈一起来，因为她就是喜欢跟卖鱼的业内人士周旋头卖，何况这些是刚从千叶县运来，或是刚从南非、智利、缅因、苏格兰甚至挪威空运过来的新鲜无比的鱼。

每年的12月末，我们都会来这里买特别的"新年鱼"食材，像特别好的鲷鱼（日本叫它"Tai"，代表着"财富"）、虾、生鱼片、鱼子酱、蛤蜊，还有什锦海菜。对我来说，清晨的亮点，是虽然晚了一点儿，但是可以在市场边世上最高级的寿司馆子吃早餐。

这正是美食家们在鱼市上忙活了一整天之后要去吃饭的地方，墙灰剥落，菜价便宜。但是——吃的东西可真是没得说！这里的寿司不仅入口即化，还能让你的心也跟着一起化了。

转个角就来到筑地鱼市的外围市场，目力所及，林立着一排排洋红色带着点的不一般的摊位和店铺，卖的是鱼干、刀、寿司托盘、瓷盘和精致的怀石料理所需食材，以及调味品。

有些人家祖上 15 辈都在这里买东西，当时东京还不是由小一点的城邦组成的联邦，而现今这里已经 3000 万人口了，那时候这里只有一两百个简陋的小棚子环绕着坍塌了的城堡。每一家店面，其招牌和内里都带着斑斑的岁月痕迹，给此地的历史沧桑增添了一抹真实色彩。

我们停在一间家族经营的蘑菇店，买了 11 磅高级干香菇，3500 日元，约合 32 美元。店主便是妈妈排队购买歌舞伎表演时交上的朋友。

朝着味道越来越大、越来越喧哗的方向走，这就是了：世界第一大、人声鼎沸的室内鱼市。

好戏开始了。

一队工人正用电锯切割一条 300 磅重的大金枪鱼。成堆的龙虾紧张不安地在塑料桶里抓挠，螃蟹横行，鳝鱼在大块大块摞起的冰上扭动。

任何一种但凡你能够想得出来的，无一不在这间颇负盛名的水族馆里找到：三文鱼，河豚，梭鱼，乌贼，章鱼，虾，水母，青花鱼，还有懒洋洋、黑乎乎、带着触角和触手、看着很新鲜、像是从外星球上来的种种。

年底是购买的高峰时段，人类学家西奥多·贝斯特写道："市场内部的通道全被穿着毛皮大衣、戴着闪闪发光首饰的中年主妇，穿着体面且拖着 2 个孙子的老先生,还有 20 岁出头、穿着时髦滑雪服的一帮姑娘给堵了。孩子们——大约 1 年里的其他时间进不到市场里头来——哪儿哪儿都是。货摊主人时不时地会制止孩子们,免得他们的手指头往各种奇怪的鱼身上按,却从不呵斥;因为小小冒犯者很可能从可爱的孙儿辈变成以后能够带来利益的好顾客。"

从这一点来看,毫无疑问——日本民族是个疯狂热爱鱼类的民族。

照日本人看来,鱼就是肉。日本人民早餐吃鱼,午餐吃鱼,晚餐还吃鱼。就算吃个小点心仍然是饭团上加鱼。他们吃金枪鱼生,鳟鱼寿司,照烧鳕鱼,味噌煨青花鱼,蛤蜊汤,油煎扇贝,鲜虾天妇罗,米醋腌渍章鱼,还有烤鱿鱼。

在这个到处是"食鱼族"的鱼类铁杆粉丝的国家里,有一种鱼可谓鱼中之王——三文鱼。人们对三文鱼垂涎三尺的程度,甚至会超过它强有力的竞争者金枪鱼。每年秋冬季节,无数三文鱼涌入日本北部的江河,在鹅卵石和清凉河床间寻找交配、产卵的好地方,春天来临,它们可爱的宝宝便成群游往太平洋,之后会展开一场空前绝后的旅行,通常终点是商业链的终端,在某个日本人的厨刀下结束了一生。

日本人喜爱三文鱼[①]的味道,也想出无数种食用三文鱼的法子。有三文鱼排,醋渍三文鱼皮,米饭上盖酱油调味的三文鱼子(鲑鱼亲子盖饭),和盐腌三文鱼肾。在北部,白雪皑皑的北海道,三文

---

① 也称 sake,日本当地人会这么叫三文鱼,记得不要与拼写碰巧完全一样的清酒混淆了。

鱼会是热腾腾的炖锅子菜的明星食材，像石狩锅和秋味锅。在古代日本，盐腌三文鱼会被送到首都用来抵税，也可以作为呈献给皇家的礼物。

日本的"我为三文鱼狂"植根于公元 7 世纪，那时候一个超级虔诚的佛教徒皇帝发出了一道特殊的动物保护法令：禁止臣民食用陆地动物。这一皇家法令到 1873 年止，被实施了 1200 年，此举得以使数百万头奶牛、猪和鸡不受打扰地、快乐地在土地上生活（虽然总有一些肉类爱好者会想办法偶尔尝尝非法贩卖来的烧鸡或烤马肉）。

这项法令对奶牛来说无疑是个很棒的消息，但对鱼来说却是坏消息。由于缺乏阔大空间，在日本一直也没有那么多奶牛，所以像黄油、奶油和奶酪等等奶制品并不是那么流行。即使现在，虽然日本人都知道喝牛奶有益身体健康，但他们牛奶的饮用量仍然不到美国人、英国人、法国人或德国人的 1/3。相对于此，日本人消耗的鱼类数量却占了全球鱼类消耗总量的 10%，虽然日本人口只占全球人口的 2%。日本人每年人均食用 150 磅鱼肉，是全球 35 磅均值的 4 倍还多。古老的嗜好积习难改——对这个食鱼民族来讲幸甚至哉。

据专家推测，所有这些鱼类很可能正是日本能在全球长寿和健康排行榜上居榜首的关键因素。"数 10 项研究表明，食鱼能够降低患心脏病或中风的概率，" 2003 年《哈佛健康信笺》中提出，"很早以前人们就发现食鱼能在预防 CAD（冠状动脉疾病）中起到重要作用。鱼类的预防效果主要是因为它所含有的欧米茄 -3 脂肪酸对心血管有益。"

食鱼意味着日本人遨游在（从烹饪角度讲）富含多元不饱和脂

肪欧米茄-3脂肪酸的海洋里，三文鱼、青花鱼、沙丁鱼和鳟鱼都富含不饱和脂肪酸。由于心脏疾患是威胁发达国家人口健康的头号杀手，所以将欧米茄-3脂肪酸和心血管健康联系起来这一发现，是解释日本人长寿的主要线索。

法国国家科学研究中心首席研究员、法国和地中海饮食顶级研究专家之一米歇尔·德·罗杰里博士也是将这两者有机联系起来的人之一。论及日本人为什么又长寿，心脏病死亡率又很低，他告诉人们："我觉得日本的传统饮食非常重要。"德·罗杰里博士观察指出，与日本饮食相比较而言，西方饮食"严重缺乏欧米茄-3脂肪酸"。

越来越多的研究显明富含欧米茄-3脂肪酸饮食好处多多。在2005年发表的论文中，密歇根大学医学中心的马克·莫亚德博士写道："对现在和未来的公共健康最神秘的撞击之一来自欧米茄-3脂肪酸。"尤其是三大欧米茄-3脂肪酸中的EPA和DHA这两种。"研究表明欧米茄-3脂肪酸能够预防多种慢性疾病和一些潜在的急性临床疾病。"

"若你真想做些对自己心脏有好处的事情，"马里兰大学医学院的心脏病学专家罗伯特·弗格尔博士，在2002年由美国心脏病学院发起的研讨会上说道，"要么每天吃点儿鱼，要么就吃一两颗含脂肪酸的鱼油胶囊。"

它的好处可不仅仅在于对心脏疾病的预防上。哈佛医学院教授、马萨诸塞州总医院遗传学和老年病研究主任鲁道夫·坦齐博士说道："鱼类中的欧米茄-3脂肪酸对于老年痴呆症、心血管疾病、类风湿性关节炎和几种癌症都有预防效果。"

另一位给欧米茄-3唱了赞歌的权威是菲利普·C.卡尔德，他是英国南安普顿大学医学院营养免疫学教授，已经研究欧米茄-3脂肪酸对健康的效果近10年了。"我丝毫不怀疑吃鱼在日本人比其他地方的人更健康这件事上扮演了重要角色，"卡尔德教授说，"这主要是因为发现鱼肉中富含长链欧米茄-3脂肪酸。"他还说在欧洲和北美的研究："很好的证据表明鱼和欧米茄-3脂肪酸对心血管疾病均能起到不错的预防作用，而且它们看上去也能预防其他疾患，像是一些癌症。"他补充说道："鱼类还富含矿物质，比如硒、碘和某种抗氧化剂——这些是具有预防心血管疾病、恶性病和其他炎症性疾病的物质。"

卡尔德教授将从日本传统饮食中所学精简归结成两个字："吃鱼！"美国心脏协会同意这一观点，并且建议成年人一周至少要吃两次鱼，尤其是多脂鱼。联邦政府在2005年初发布的营养指南中也有如此建议："午餐和晚餐时更多选择鱼类。寻找富含欧米茄-3脂肪酸的鱼类，比如三文鱼、鳟鱼或鲱鱼。"食品与药物管理局批准了使用含有鱼油产品的合格健康声明，并指出："有辅助性但并不是结论性的研究表明EPA和DHA这两种欧米茄-3脂肪酸可能降低冠心病发病率。"世界各地的专家们都在检测欧米茄-3脂肪酸的积极效果，但检测并不只局限于生理上的，同时还包括其对心理情绪的影响，像抑郁消沉、具攻击性、自杀或暴力倾向、人格障碍乃至凶杀犯罪率等等。

但是，慢着，在这个鱼类天堂里仍然有一个重大隐患——有些鱼类由于被污染而备受指责，它们中的一些甚至要被定罪。

举例来讲，据美国环境保护基金海洋生物项目的调查，多种鱼类附有对人体健康有损害的汞、多氯联苯（PCBS）、二噁英或农药——其中包括鲨鱼、剑鱼、方头鱼、石斑鱼、野生鲟鱼、蓝鳍金枪鱼，以及让我在写下它的名称时非常伤心的、在北美超市极为常见的一种三文鱼：大西洋三文鱼。就连温驯、美味的主力长鳍金枪鱼也被贴上了食用警告标签，同样因为其含有汞、二噁英和多氯联苯。

在过去的2年时间里，食品与药品管理局以及环保署，由于污染的原因，建议怀孕及备孕的妇女、哺乳期妇女和宝宝们尽量不要食用鲨鱼、剑鱼、大西洋马鲛鱼和方头鱼。同时也建议人们食用上述那些鱼类一周不要超过一次，用以避免摄取过度的汞。

不过这里也有个好消息：海洋生物网站也列出了一些既没有污染警告，又以合乎生态学的合理方式饲养的鱼类。这张"最佳生态鱼类"列表包含养殖鲈鱼、北大西洋出产的北极虾、加拿大雪蟹、佛罗里达石蟹、养殖鲟鱼、大西洋鲱鱼、阿拉斯加黑鳕鱼（或黑鱼），还有另外一些富含欧米伽-3脂肪酸的鱼类：大西洋鲭鱼、沙丁鱼和养殖牡蛎。

对于跟我一样的三文鱼爱好者来说，最棒的消息就是来自阿拉斯加的野生三文鱼，包括奇努克、银鲑鱼、粉鲑鱼和红鲑鱼，不论新鲜、冰冻，还是罐装的，它们都位列最佳生态鱼类。此外这些三文鱼每100克鱼肉就含有1克欧米伽-3脂肪酸。重要信息说3遍，不管是新鲜的，冰冻的，还是罐装的，通通都不影响其欧米伽-3脂肪酸含量。公共营养科学健康中心指出，罐装三文鱼和新鲜或冰冻的三文鱼含有相同数量的欧米伽-3脂肪酸。更大利好消息则是：该属种三文鱼目前均不在反对食用列表之上。

不管你怎么片、切、处置，阿拉斯加三文鱼都是王道！

———————

鱼类是获取欧米茄-3脂肪酸的极佳途径，但日本食鱼热的月亮背面仍然揭示出另一个可能成立的健康提示：日本人对鱼的高摄取量意味着对于红肉的低摄取量，而红肉则富含和心血管疾病息息相关的饱和脂肪。据《经济学家》杂志情报联合会最新估算，日本人目前每年人均食用100磅红肉。相对于此，美国每年人均食用285磅，法国是225磅，英国和德国人均年摄入量均为180磅。

对我个人来说，喜欢吃鱼不仅仅是因为它对健康大有裨益，更是因为鱼的味道和能用多种多样的方式烹调。

小圆蛤、马尼拉或新西兰蛤，它们在清汤中的强烈海洋风味特别会让人永生难忘。像太平洋大比目鱼这类肉感、质白的鱼肉，就非常适合于制作照烧类菜品。鱼肉在烹制过程中幻化成闪闪发光的白嫩肉片，渴望着被照烧汁一股脑儿盖上。

某些鱼肉简直可以在嘴里融化，像比目鱼或琥珀鱼。我就一向特别喜欢煎大西洋鲭鱼，佐以一小丛白萝卜丝，再点上几滴酱油；大爱的另一道菜是姜汁和酱油煨沙丁鱼。

我喜欢三文鱼肥厚的口感和肉质以及千变万化的烹调方式：简单烤制、包在饭团里、三文鱼子盖饭、烟熏三文鱼卷上萝卜丝——凡此仅只是它无数烹饪法中的几种而已。

只是想想这些鱼，我就已经饿得很想来一碗蛤蜊味噌汤了。

短颈蛤蜊味噌汤

（供 4 人用）

我喜欢蛤蜊与满是大地芬芳的味噌相结合所带出的海洋味道。它给这道日本的传统汤品带来更强的感染力。

12 只带壳短颈蛤蜊（也称小圆蛤）（约 0.33 公斤重）

1/4 杯细海盐

9 杯冷水

1 汤匙清酒

2.5 汤匙半红味噌或白味噌（或两者混合）

2 根葱，去头尾，切成葱花

1. 在冷水下刷洗蛤蜊，洗去外壳上的泥污，换几道水多洗几遍，直至水质变清。为去除外壳内部沙粒，可将海盐溶解于 4 杯冷水，并将蛤蜊浸泡于盐水之中，在冰箱内搁置 20 分钟。沥干清洗。

2. 在汤锅中倒入剩下的 5 杯冷水，加入蛤蜊。煮沸后加清酒，用汤勺舀去表面泡沫。蛤蜊壳会在水煮沸后几分钟内张开，壳打开表明煮熟，调小火，将汤锅中的一杯汤舀入中等大小的碗中，加入味噌搅拌至溶解。关火，将混合的味噌和汤倒入汤锅，轻轻搅拌（避免将蛤蜊肉搅出壳）。

3. 放好 4 只小汤碗。用厨用钳于每只碗中放入 3 只蛤蜊。用大汤勺往汤碗中舀入汤，撒葱花装饰。在餐桌中间放 1 只碗，用以装蛤蜊壳。

东京厨房小贴士

无须鱼汤打底，因为蛤蜊自身足够浓烈的味道，足以提味这个汤。

切记蛤蜊壳才刚打开就停火，否则蛤蜊的肉质就会老了。

烟熏三文鱼卷包紫苏贝牙菜
（供 4 人享用）

这些美味多汁的三文鱼卷是东西方文化交汇擦燃的超炫火花，是下酒或饮料的一道好菜。你可以早些时候就做好，放在盘子里，蒙上保鲜膜，置于冰箱，俟食用时拿出来。由于柠檬果皮和衬皮都带着苦味（并不是每个人都喜欢的），所以在这道开胃菜中尽力挑选薄皮柠檬使用。要么索性不在三文鱼卷里裹柠檬薄片，而用柠檬切瓣取而代之，让用餐的人食用时自行挤上柠檬汁。贝牙菜是白萝卜发的嫩芽，为脆白的嫩茎和圆绿叶子。味微辛，是很棒的装饰品。你能在商店芽菜区找到贝牙菜，那里也有卖其他各种发芽菜。

1 包 2.5～3 盎司重的新鲜贝牙菜（白萝卜芽）

12 片薄烟熏三文鱼片

5 片紫苏叶，切细丝

12 片纸片状、半月形柠檬薄片（或 1 个柠檬切 4 瓣）

1. 撕掉贝牙菜白色吸水部分。分成 12 小份。

2. 准备每一个三文鱼卷时，需在干净的工作台上平放一片烟熏三文鱼，纵向排列（像领带那样）。在三文鱼片底部放一小撮紫苏叶。在紫苏叶上摆一份贝牙菜，贝牙菜的绿叶部分在右，往外稍微延伸出一些，这样卷好的三文鱼片绿叶部分会露出来。如果用柠檬片，往贝牙菜上放一片。从底部往上卷三文鱼，做成整齐的一卷。同样步骤将剩下的食材全都做成三文鱼卷。

3. 将三文鱼卷摆到餐盘中（若不用柠檬片便摆上柠檬瓣）。

三文鱼毛豆饼

（供 4 人享用）

鲜绿的毛豆能够特别调出多汁三文鱼饼中的蛋白质。可以从 Whole Foods 超市购买冷冻、去壳或带壳的毛豆。Panko，即日本的面包粉，一种现代食材，用它能够炮制出一口咬上去嘎吱嘎吱响的松脆外皮（这个词由法语意为"面包"的"pain"和日语意为"面粉"的"ko"结合而成）。跟你常用的面包粉不同的是，用 Panko 制成的口感更像是薄片而不是面包糠。Panko 在超市的亚洲食品区、亚洲食品店以及日本店有售。

尽情享用这一道嫩毛豆和萝卜丝的鱼肉饼吧！

1 块 3 厘米长的新鲜去皮嫩姜

1 杯去壳毛豆（如冰冻的则需事先解冻）

1 磅去皮去骨三文鱼，切成小厚片

1/2 杯切好的洋葱碎

1/2 杯切好的青椒

1 汤匙清酒

1½ 茶匙半低钠酱油

1/4 茶匙盐

新鲜碾磨的黑胡椒

1/2 杯多用面粉

1 杯 panko 粉

1 只大个鸡蛋

4 杯菜籽油或米糠油

4 根车轴草或意大利欧芹

1. 将姜段放入带有刀片的食物料理机，绞碎姜块，如有必要刮磨一两次工作碗内壁。放入毛豆，再次启动食物料理机，将毛豆绞碎为止。将混合物置于大碗中。

2. 在料理机中放入三文鱼片，绞碎。放到毛豆和姜末的混合物中，再放入洋葱、青椒、清酒、酱油、盐和一些黑胡椒。搅拌至完全混合。

3. 稍稍湿湿手，将混合物做成 8 个饼，放旁边备用。

4. 在大盘中倒入面粉，另一只盘子上放 panko 粉。在一个中号浅沿碗中打鸡蛋。将每个鱼肉饼先裹上面粉，然后再裹上鸡蛋，最后裹上 panko 粉。裹好之后用两手小心轻按。

5. 平底锅倒入油，加热至 170℃。如果没有温度计，用面包粉测试油温。如果放入的面包粉迅速浮到表面并变成金黄色，则表示油温足够高。小心地将鱼肉饼置于锅中，每面煎 2 分钟，或者直到两面均炸至金黄。移出鱼肉饼放在金属架上沥干油。

6. 食用时，摆好 4 只盘子，每只盘上放 2 个鱼肉饼。车轴草（或意大利欧芹）点缀装饰。

鲜虾蔬菜天妇罗

（供 4 人享用）

虽然我从小到大都吃天妇罗，它也是我最爱的菜肴之一，可是说老实话，我之前还是挺怕做这道菜的。我妈妈不用费什么劲就能做出漂亮的天妇罗来，可对我来说，烹制一道天妇罗仿佛要面临太多太多挑战——比如怎么在适当的油温下过油、将外面包裹的面糊做得轻巧松脆，并且恰逢其正热的时候就能端上桌去——对这些我还吃不太准呢。可当妈妈一步一步地教我做了以后，才发现它其实也没有那么难，并且味道还特棒，简直是美味得难以形容。

1 杯鱼汤

1/4 杯低钠酱油

1/4 杯味淋

半磅日本茄子（2 根茄子）

1 个小甜马铃薯或宝石山药，洗净，去柄，不要去皮

1 个小白马铃薯，洗净

1 个个头适中的洋葱，洗净去皮

1/4 个小青南瓜，洗净，去柄，去籽

1 个青椒

4 颗香菇，除去茎部

12 只大虾

大约 3 杯菜籽油或米糠油，油炸备用

1 枚大个鸡蛋

1/2 杯冰水

1 杯多用面粉

1/2 杯白萝卜碎，沥干

1. 准备蘸酱料，在中等大小的汤锅中混合鱼汤、酱油、味淋。煮沸后移至一旁，室温冷却。

2. 准备好蔬菜。切去茄子茎柄，将每根茄子切成等长厚条。将马铃薯切成等长厚条。将洋葱切 12 份。将 1/4 的青南瓜切成 0.6 厘米厚。将青椒切半，去籽，每个半份切成 3 根长条。香菇要整个使用。

3. 去掉虾的泥肠及壳，保留尾巴及以上一格的壳。

4. 准备好煎炸用油。在炒锅或大平底锅中倒入至少 7.6 厘米高的油（约 5 杯）。中火加热油温至 170℃。如果没有温度计，用一点点新鲜面包测试油温。如果面包浮起并马上成金色，那么表示油温够高。

5. 在煎炸前准备好面糊（过早准备会使之变得过于黏稠）。在中碗中用冰水搅拌鸡蛋。再一次性倒入全部面粉，用叉子或筷子轻轻搅拌，要让面糊表面还隆起一些面粉块，这样能保证外壳轻巧浅淡。

6. 炸蔬菜时，先放到面糊中蘸一下，抖去多余面粉，入油锅。一次只炸五六件，以保证油温不会降低，也要轻轻晃动炸物，避免油温过高或起黑烟。炸至外壳金黄并且里面熟透，用网勺或漏勺出锅，放在铺有纸巾的铁架上沥油。在每拨食物下锅前都要保证油温回到 170℃。大部分蔬菜需要炸 3 到 5 分钟才能松脆熟透，不过也要具体情况具体分析，要视蔬菜的坚硬程度而定。用木勺撕扯蔬菜检视其是否熟透。若是熟透了便能够很容易地划开。最后是炸虾，约 40 秒。

7. 上菜时，往 4 只餐盘中铺陈好吸油纸。每只盘中各放一份蔬菜和虾，再摆到桌上。另一只盘中放白萝卜丝，给每人的小碗倒入大约 1/3 杯蘸酱汁。让用餐者自己选择用多少白萝卜蘸酱，需要的话再补充白萝卜和酱油。

照烧鱼
（供 4 人享用）

这是日本家庭菜的经典菜品。新鲜的照烧酱汁做法极为简便，以至于你大概永远都不会再想着去买瓶装的了。

4 块重约 100 克的鱼片（每片厚 1.5 厘米），阿拉斯加三文鱼、养殖鲈鱼或太平洋大比目鱼鱼片均可

1 汤匙菜籽油或米糠油

腌泡汁

2 汤匙清酒

4 茶匙低钠酱油

照烧汁

1/4 杯味淋

2 汤匙低钠酱油

1 茶匙砂糖

1. 浅碗中将清酒和酱油混合，制作腌泡汁。将鱼片鱼肉面向下（若使用三文鱼这类有鱼皮的鱼的话）泡在碗里腌 10 分钟。

2. 小碗中将味淋、酱油和砂糖混合，制作照烧汁。搅拌混合物至砂糖完全溶解。

3. 大平底锅中加油，中火加热。用纸巾小心吸去鱼片两面多余的酱汁。鱼片放入锅中，鱼皮向下（若带鱼皮的话），煎 5 分钟。翻转鱼片，再煎 1 分钟。

4. 将鱼片移至餐盘（最后会被浇上照烧汁），去掉鱼皮。

5. 纸巾吸去平底锅中多余的油。中、高火加热锅，放入照烧汁。煮沸后调中火，再煮 1 分钟。放入鱼片，将平底锅稍作倾斜，往鱼片上方淋一点酱汁。煮 1 分钟左右，或直到鱼片中间部位熟透。

6. 在单个餐盘中放入鱼片，浇上热酱汁。

第二大支柱：蔬菜

和妈妈离开筑地鱼市，走在东京密布的街道上时，我回忆起很久以前一个边卖东西边唱歌的大叔。

他唱的就是日本家庭烹饪的第二大支柱——蔬菜。

我在一个到处是蔬菜的世界里长大。

童年记忆里最生动的一个篇章便是一个"红薯大叔"在冬日里推着辆装着炊具的双轮车，走过东京的小巷子，反复唱着他的颂歌："Yaki-imo，ishi-yaki-imo！"这句话的大概意思就是："快来买我肥美多汁的石烤红薯啊！"

在美国，会有卖冰激凌的车且自带其本身特有的调调儿，一下子便能让所有听到那个旋律的孩子们聚拢到一块儿。但日本这边的版本却是一辆小推车，大家聚集而来享受的是论斤称量的蔬菜。烤红薯大叔穿街走巷，一路都在唱他的红薯歌谣，小推车的两个轮子带起地上的落叶随风起舞。他常常会傍晚时走到我家附近，正好也是我和妹妹放学回家的当儿。

但凡我们听到红薯歌，就会央告母亲给点小零钱，然后马上冲到街上去追那个卖红薯的。我会买4个烤红薯——家里1人1个。红薯小贩戴着避免烫伤手指头的工作棉手套，从移动烤箱中掏出几个模样怪不错的烤红薯来，放在小推车附带的秤上称一称，然后用报纸包好递给我。我现在仍然闻得见红薯的浓香，记得清它们烤得焦焦的酒红色外皮。

冬季里红薯小贩还是会走街串巷，只是他们不再步行而改成开着小货车了。

东京流动小食摊的传统习俗可以追溯回 1780 年代，那时候只要走过一条繁忙的街道就能看到街边停靠着一长溜卖食物的小推车，各种嘈杂的"卖货歌"混在一道，不绝于耳——卖寿司、天妇罗、烤鳗鱼、饺子、鱿鱼干、年糕和蒸饭的各得其所。

今时今日，我和妈妈在三越百货选购晚餐的新鲜食材时，迎接我们的是另一首歌——二三十位相互竞争的售货员小姐在精美蔬菜堆就的小山后头唱着"欢迎光临"。

在日本，人们吃的蔬菜范围很广，高山、地下、地面和海里无所不包。有些是土生土长的日本蔬菜，有一些则是漂洋过海进口来的。蔬菜在日餐中扮演着领袖角色，当一些日本母亲在一项问卷调查中被问及最爱为家人烹饪何种菜肴时，"鱼汤烩什蔬"常以压倒优势位居第一。蔬菜当然也会出现在各色配菜中。

让外行们惊叹的是蔬菜居然也出现在日本的甜点里头。传统的日本甜点，被人所熟识的有日本果子（和果子），它以豆类为主要特色——最常见的是小红豆，也有用芸豆、四季豆或大豆等许多不同的种类；还有日式红豆汤圆、煎豆馅馒头、两片华夫饼中间夹上红豆馅。还有日本人最爱的甜点之一，由豆沙做的凝胶状食品，羊羹。还有一种甜品是绿茶大福饼，它将这个国家最爱的 3 种食品合三为一，一口吃下去，绿茶、豆粉和豆沙，用糯米饭包裹。

———

我在蔬菜这个点上简直没办法理智——并不是由于我沉迷于健康饮食，而是，它们实在太好吃了。

我认为蔬菜能好吃到无法言说。给我一碗新鲜出炉的蒸五彩什蔬，或者用一点菜籽油炒炒的蔬菜——红柿子椒、绿四季豆、黄皮西葫芦、紫色茄子、白洋葱、东京葱、香菜,再加一碗米饭——就完全心愿大偿,心满意足了。

香菇让我怎么也吃不够。整颗的香菇在鱼汤中经文火慢炖后便会吸尽美味的鱼汤,咬一口那肉感的香菇,即会涌出一小股汤汁令满口都是浓香。切成丝的香菇则会为清汤添上优雅的一笔。

经过烘焙、烧烤或油炸之后的茄子,佐以鲜姜丝和酱油,黄色的茄肉会变得滋味香甜,入口即化。

还有一些日本的香草植物,这里只点名说少数几个,如紫苏、三叶芹、茗荷。紫苏带有强烈的薄荷香,每次打开一袋紫苏,我都要先把鼻子埋在紫苏叶里深呼吸几下。我用整片的紫苏叶包饭团,也常在沙拉里加切碎的紫苏叶。事实上,因为实在太爱紫苏了,所以我就在家里的花盆里种了它们。

三叶芹,也被称为三叶或日本芹,是很好的配饰蔬菜。我在这本书的好几个菜谱中都用到了三叶芹,虽然将意大利欧芹作为替代品也不错。一棵打好结的三叶芹漂荡在清汤上就特别美。它也会为三文鱼毛豆饼增添一笔亮色。

茗荷是姜一族的亲戚,不过它看上去更像是冬葱。顶部紫红色,逐渐往底部渐变至白色。这种自带香味的饰菜切成碎片后和葱花一起可用来装饰冷冻的绢豆腐。茗荷切丝可为味噌汤添加浓香。

由于太喜欢吃蔬菜,所以我老是会触犯一条西方饮食基本法则:在早餐时也吃蔬菜。我说的可不只是马铃薯,而是指所有的蔬菜。好像在某个时间节点,某人对全世界发布了那么一条指令,禁止早餐桌上出现蔬菜。我可没法儿遵守这个。

在我妈妈的东京厨房里,早餐食蔬菜百分百正常。我妈妈经常在早晨做菜蔬蛋汤。这道菜轻淡、管饱、味道好。就算她准备的是烤吐司、鸡蛋和咖啡的西式早餐，也一定会来上一盘沙拉。

日本的妈妈们认为各种海带或海菜是蔬菜王国中的明星，因为它们极富营养，妈妈们会经常提醒孩子们"要吃掉你们的海菜"。事实上，各种海洋蔬菜也确实富含维生素 C、纤维素、钾和碘。

Hiroko Mogi，4 个孩子的母亲，40 来岁，住在川崎，是一位典型的用海带作为每日家庭烹饪主要食材的日本妈妈。她最爱的是切碎的羊栖菜炖汤和裙带菜味噌汤。"要是你打算说这看上去招人讨厌，你大概说得也没错，"她并不否认，"不过你好歹先尝尝再说啊，它是如此美味。"

我绝对同意。我也深爱海洋蔬菜——就跟喜欢西方的绿色蔬菜一样。日本人喜爱这些海洋珍宝历史久远，1100 年以前，伟大的日本作家紫式部在她 10 世纪史诗《源氏物语》中狂热赞颂了它们："在波涛汹涌的海洋深处，在千寻之外，茂密如一缕缕头发的海藻，你是我一个人的，独有我，每天看你成长。"

我一直在不断找寻烹制那些海菜如昆布、紫菜和裙带菜的法子。喜欢把切得很细的黄瓜片和裙带菜用米醋凉拌；把裙带菜加入配上小块绢豆腐的味噌汤里也是相当美味的。我喜欢用多种方式烹饪海带，不单只是拿它给鱼汤打底。我用水发海带结做关东煮，食材中还包含有鱼汤、煎鱼饼和鸡蛋。会在热饭上撒一点点煨熟的海带，我也会在米饭里淋上绿茶和煮好的海带条，以此当作叫人心满意足的小零食。

紫菜在日本经常被用来包很多东西，像寿司卷、米饭团、麻薯饼、米果甚至芝士条。我会将紫菜片撕碎，撒到米饭、面条、鱼和沙拉上。我丈夫则会把它们往味噌汤和炒蔬菜上撒。他也喜欢就当零食那么吃调成甜口味的紫菜。我们俩都喜欢用紫菜包虾、鱼和马铃薯，然后再炸一下。炸过的紫菜很松脆，并且还多了一种粗犷的味道，和很多食物搭配都很好吃的。

日本女人差不多个个都是蔬菜的行家里手，对洋葱、茄子、胡萝卜、番茄、青椒、生菜、菠菜、竹笋、甜豆、山药、莲藕和大头菜都有强烈观感，并且也有一整套完善的理论如何去诠释白萝卜的合适松脆度、煮菠菜或牛蒡根（一种吃着像树木的根茎菜）。

日本超市的蔬菜货架看上去跟你身边的菜场一样，能在那里找到我之前提到过的所有蔬菜，也能找到芹菜、花椰菜、豌豆、抱子甘蓝、马铃薯、卷心菜、黄瓜、蘑菇、豆类、南瓜、绿叶子菜和葱……以及别的什么我可能忘记提及的蔬菜。能找到日本人的最爱之一——白萝卜。

对于在家烹制陆地上生长的蔬菜，有一条规则几乎所有日本女人都认同，就是蔬菜必须新鲜。日本整个的蔬菜产业都在致力合乎并且满足这一要求。

那么这些蔬菜是如何帮助日本人民保持身体健康的呢？

蔬菜被营养学家誉为营养界的超级巨星，原因可谓多样。其中之一就是蔬菜含有大量纤维素和复合碳水化合物，这些能够帮助人们控制体重。据肥胖病专家柯林·奥德亚教授解释，食用大量蔬菜的日本饮食带来的好处之一就是"蔬菜本身体积较大，能量密度较低——这意味着可以避免人们对之过度摄取"。英国南安普顿大学医学院的菲利普·卡尔德教授也坚持认为，日本的低肥胖率和日本人摄入大量蔬菜息息相关，"更为平衡的碳水化合物是：增加复合碳水化合物，减少单一碳水化合物"。

蔬菜带来的益处除了能够防止肥胖之外，还有它们富含维生素、矿物质、植物化学物质、纤维素，以及低卡路里、低脂肪……还富含抗氧化剂呢。

德州大学西南医学中心老年医学研究主任杰里·W.谢伊教授指出，多食蔬菜是日本传统健康饮食的另一个原因是："蔬菜含有极强的抗氧化剂，有助于抵御细胞受损。"

布拉德利·威尔科克斯，克雷格·威尔科克斯和铃木诚对日本冲绳岛上居民的寿命做了25年研究，基于此，他们于2001年出版了《冲绳计划》一书，书中写道："在营养研究的历史上从未出现过如此清楚且连贯的证据：高碳水化合物、低热量、基于植物的饮食对长期保有健康最有益。这一点不容置疑，尽管你有可能会在书本上读到一些提倡低碳水化合物、高蛋白饮食的建议。很好平衡的高碳水化合物、低热量饮食能让人保持身材苗条、外形年轻，将患心脏病、中风和癌症的概率降至最低。"

心脏病学专家詹姆斯·奥基弗和科罗拉多州立大学劳伦·科尔登教授在《梅奥医学期刊》2004年1月的那一期中写道："几乎所有营养学专家都认为，现代饮食中唯一的变量是应该增添更多蔬菜和水果。"他们的建议明确："在这些食物自然且不过度加工处理的状态下定期食用。"

有些专家希望看到肉类在整体饮食中完全消失。"为了增强人类和哺育我们的地球的健康，"马萨诸塞州波士顿总医院鲁道夫·坦齐博士说，"人们应该食素或至少选择不全是肉的饮食结构。显然，日本人的日常饮食比美国人和欧洲人更接近于此。"

在多吃蔬菜这件事上，有些专家认为日本人还应该食用更多蔬菜，尤其是新鲜蔬菜。不凑巧的是，日本人吃的很多蔬菜都经过盐渍或腌制，专家称饮食中会因此含有过量盐分（这与日本较高胃癌罹患率相关），且无法完全获取新鲜蔬菜中的全部营养成分。

食物中的禅道

最纯正的日本料理是极为鲜见的、百分百的素食料理，也称作精进料理（Shojin ryori），或寺院料理。这种餐饮由日本禅宗僧侣践行了800多年。"Shojin"指的是坚忍和奉献，而"ryori"则是"烹饪"或"料理"。精进料理背后的意义在于：饮食应该能够加速人们的心灵成长。没有什么会被浪费。只用到最简单的少量蔬菜，而做出的菜肴却非常美味。

典型的精进料理中大概包含了味噌韭菜炖白萝卜；蒸面条，盖浇豆腐，山药和野生芹菜碎末；煮菠菜和蒸苹果，上撒黑芝麻。

佛教精神有5个基础，而精进料理恰好反射出这个"五"来：5种方法（生吃、蒸、烤、煮、煎），5种颜色（绿色、黄色、红色、白色、黑色/紫色），5种味道（甜、辣、苦、酸、咸），有时候还有第6种（鲜）。

我最喜欢精进料理的这5个反思，它们也是寺院的僧侣们在进食精进料理前会先吟诵的。

反思食物中的禅道

1. 回顾食物被端上来的全过程，从食材的来源开始。
2. 回想自己的不完美，我是否配得享受这样的食物。
3. 让我的思想从偏好和贪婪中被释放。

4. 食物是让我的身体保持健康的良药。

5. 我领受食物，以完成启迪之任务。

芝麻菠菜

（供 4 人享用）

这道菜使用的芝麻具浓郁的烤坚果香和一点甜味，着实会为菠菜的咸味增色不少。实乃一道成功的组合——成功到我有一次带着这道菜去参加派对，一位厨师朋友整晚都把它搁在大腿上！这个菜的调料与扁豆、芦笋以及西兰花结合也一样美味。

菠菜约 450 克，去掉根部和粗糙的根茎部分

2.5 汤匙烘烤碾磨白芝麻

1.5 茶匙砂糖

1.5 茶匙低钠酱油

一小撮盐

1. 在大碗中倒水放入菠菜，甩动菠菜洗去除泥污。如果还含有沙砾，提起菠菜，倒掉脏水，重复以上动作。

2. 大平底锅中倒水煮沸。调中高火，放入菠菜，煮 30 秒，或直到菠菜刚变软但还呈鲜绿色为止。沥干水分后置于清水下冲洗。小心挤压菠菜去掉多余水分。

3. 小碗中混合芝麻、糖、酱油和盐，搅拌混合均匀。

4. 将菠菜切成 3 厘米长段，挤出多余水分，放在小碗中。倒上

芝麻调味料混合物，轻轻转动小碗让菠菜沾上调料。

炒时蔬

（供 4 人享用）

日本的炒时蔬会注重保留蔬菜纯净的自然风味，因此要比亚洲其他地方的炒菜味道更清淡。五彩炒时蔬搭配一碗热腾腾的糙米饭就是富含纤维素的健康大餐，如果你是一位严格的素食主义者，那么就不要用鱼汤，而代之以泡香菇的水就好了。

200 克极硬豆腐

8 颗干香菇

1/4 杯鱼汤

2 汤匙低钠酱油

2 汤匙清酒

半茶匙盐

新鲜碾磨的黑胡椒

2 汤匙菜籽油或米糠油

1 个中等大小的黄洋葱，去皮，切半，再切成半月形

2 个中等大小的胡萝卜，理好，去皮，斜切成细片

1 个中等大小的育空金土豆（约 200 克），斜切成半，每半边切成 6 毫米厚片

200 克扁豆，去茎，对半斜切

1 个黄西葫芦，理好后对半斜切，每半边再斜切成薄片

1 个红椒，去壳去籽，切细条

1. 冷水冲洗豆腐，沥干切成小方块。

2. 将干香菇置于小碗中，倒入 2 杯水，浸泡 20 分钟。取出 1/4 杯香菇水（如果制作纯素菜则取出 1/2 杯），倒在小碗中。混入鱼汤（如果制作纯素菜则不需加入鱼汤）、1 汤匙酱油、清酒、盐，放入几粒黑胡椒。

3. 沥干香菇，轻轻挤压去除多余水分。切去茎部，将香菇切成薄片。

4. 在炒锅或大平底炒锅中放油，中高火加热。放入洋葱和香菇，翻炒 3 分钟。放入胡萝卜和土豆片，翻炒 3 分钟。倒入一半调料汁，煮 4 分钟。

5. 放入扁豆、黄西葫芦和剩余调味料汁。继续翻炒 5 分钟，或炒至土豆全熟以及大部分调料液体蒸发掉，之后放入豆腐、红椒和剩余酱油。晃动炒锅混合所有食材，再翻炒 2 分钟，倒入大碗中，上桌。

切干大根（白萝卜）配香菇豆腐
（供 4 人享用）

切干大根是将白萝卜切成意大利面一样的条状物后晒干，在超市的亚洲食物区或日本商店都有袋装的切干大根出售。用一点盐摩擦萝卜干有助打破纤维素，加速其水化。如果使用新鲜白萝卜，那就可以省掉上面这一步。切干白萝卜（或新鲜的白萝卜）与胡萝卜、香菇一起在甜酱油汤中煨过后，成为一道舒舒服服的家常小菜，这在日本非常流行。这道菜热的时候吃很美味，冷食一样诱人。

这道菜会用到"落盖"（Otoshi buta），它是用来炖煮的低科技含量厨具。在我妈妈的东京厨房中经常要煨或炖菜肴，像煨、炖蔬菜、肉和鱼之类。日本落盖是平滑木制的，它不像普通的锅盖一样放在锅上方，而是直接"坐"在食物之上。通过和食物的亲密接触，令汤汁改道遍布全部食材，从而将食物的自然风味最大化。落盖应该比锅的内直径稍小一点。

落盖在日本以外的地区很难找到，不过大可以试着在专卖日本食品的商店里找找，或到 www.katagiri.com 上订购，要么也能用铝箔纸代替。将双层铝箔纸切成比锅或盘内直径稍小的圆形，再置于你正在炖着的食物上。在我的锅太小放不下落盖时，我就用这个法子，使着也不错。

280 克切干大根，或 1.25 杯新鲜大根，切丝

1.75 茶匙盐

1 块 8 厘米 ×13 厘米大小薄煎豆腐

5 个蘑菇，去茎，切片

1/3 杯小胡萝卜

1.5 杯鱼汤（如果用切干大根）或 2.5 杯鱼汤（如果用新鲜大根）

1 茶匙砂糖

2 茶匙清酒

1 茶匙低钠酱油

1. 将切干大根放置于小碗中，轻轻抹上一茶匙盐。在中等大小的碗中倒入清水，轻洗切干大根并浸泡，根据包装说明，将大根泡至变软，约需 15 分钟。不要倒掉浸泡后的水，将大根移至另一只碗。

2. 在小汤锅中注入水，煮沸。放入豆腐，调至中火，偶尔翻转豆腐，煮 1 分钟左右，沥干（这样能去除多余油分）。将豆腐长向切半，每一半切丝。

3. 向中等大小含有落盖或铝箔纸盖的锅中倒油，中火加热。油热后，放入香菇、胡萝卜和大根，嫩煎 5 分钟。放入 1 杯保留下的大根浸泡水和 1.5 杯鱼汤（如果使用新鲜大根则用 2.5 杯鱼汤），将内容物煮沸。

4. 调成中低火，放入豆腐和剩下的 3/4 茶匙盐、汤、清酒和酱油。食材上放落盖，慢慢地煨，偶尔搅拌，直到蔬菜吸收到所有汤汁，约 20 分钟后，起锅装盘。

奈保美的日式煎饺

（供 4 人享用）

包着蔬菜和一点瘦肉，鲜美多汁的日本锅贴将多种美味集于一身。

这是我年轻的时候妈妈最先教给我的菜品之一。和妈妈并排坐下，我学会了怎样在饺子里放入适量的饺子馅，再怎样小心地捏上饺子边。我的日式饺子较之于妈妈做的，蔬菜多一些，肉少一些，有时候我还会做全素馅的饺子。香菇就很有肉质感，味道又这么棒，所以我真不需要那么多肉。

韭菜是葱家一员，比较为人熟知的有中国韭菜或蒜黄。韭菜叶片平滑，与美国常见的圆筒葱不同。我喜欢它们大胆强烈的味道，比洋葱强烈，比大蒜清淡，也喜欢它们与白菜的甜混合形成的味道。韭菜也是炒菜时的好搭档。可以在日本店或超市买到韭菜和饺子皮；还有另外一种选择是用馄饨皮。

它很适合儿童食用：孩子们喜欢动手做，也喜欢吃这些塞了东西的食物。

100 克精瘦牛肉（牛里脊肉）

1 杯剁碎大白菜

3 个香菇，去茎，切细碎

1/2 捆韭菜，切碎（或 1/2 杯切碎的韭菜）

2 棵葱，去根，切碎

撮盐和新碾黑胡椒

24 只圆形饺子皮

2 汤匙菜籽油或米糠油

1 杯开水

低钠酱油，餐桌上使用

米醋，餐桌上使用

辣椒油，餐桌上使用

1. 将牛肉置于大碗中，放入白菜、香菇、韭菜和葱，撒入一些盐和黑胡椒。用手将食材搅拌在一起。

2. 在加热板上铺铝箔纸或羊皮纸。

3. 小碗里加水。包饺子时，先在饺子皮中间舀 2 茶匙饺子馅。一根手指蘸水，涂湿饺子皮内侧边缘。将饺子皮对折，边缘部分在上。轻轻地自右向左黏合饺子皮边缘，一边黏合一边留出 0.6 厘米朝向人的饺子皮边缘，用来做成皱褶。将饺子放在加热板上，皱褶部分朝上。同法包完所有饺子皮和馅。

4. 用足够装所有饺子的平底锅，大火加热。锅中倒入 2 汤匙油，热后，调成中低火，放入饺子，皱褶部分向上。煎饺子时不要盖锅盖，煎至饺子底部稍稍呈棕色，约 4 分钟。

5. 将开水倒入锅中。盖上锅盖，中火加热 8—10 分钟，如需要可多加几次水，直到饺子上部呈现出半透明，水分全部蒸发（若饺子上部已经半透明可是水分却没有完全蒸发，那么揭开锅盖，将其加热到水分蒸发为止）。摆好 4 只餐盘，每一盘中放 6 只饺子，金色部分朝上。

6. 给每位用餐者 1 只小调味碟，自取酱油、米醋和几滴辣椒油，调制自己喜爱的调味料。

―――

金平（Kinpira）——牛蒡炒胡萝卜

（供 4 人享用）

金平是一道经典的日本家常菜，由两种食根类蔬菜为食材：牛蒡和胡萝卜。在这道香煎菜品中，牛蒡和甜甜的胡萝卜、红辣椒以及烘烤芝麻完美结合在一起。松脆、柔软、细滑、香辣，怪不得它是日本冬天最受欢迎的时令菜肴。

牛蒡是富含纤维素的日本根用蔬菜，散发着使人愉快的泥土芬芳。在日本商店或美食超市均能找到牛蒡。

1 根中等大小、200 克牛蒡根

1 汤匙菜籽油或米糠油

2 个日本干红辣椒（或泰国辣椒、四川辣椒）

1 杯胡萝卜，切成火柴棍大小的细长条

1 汤匙清酒

1 汤匙低钠酱油

2 茶匙味淋

1 茶匙白砂糖

1 茶匙烘烤碾磨过的芝麻

1. 清洗牛蒡外部泥污，去除表皮。将牛蒡根切成 7～9 厘米长的火柴粗细长条，用冷水迅速冲洗。约略可得 2 杯牛蒡条。

2. 在中等平底锅中倒油，中高火加热。倒入红辣椒，轻炒 30 秒。倒入牛蒡，嫩煎至牛蒡松软，约 3 分钟；牛蒡熟透后表面会呈半透明状。倒入胡萝卜，嫩煎 2 分钟。

3. 调至小火，放清酒、酱油、味淋和糖。搅拌蔬菜 1 分钟，使其完全吸收汤汁。出锅，择掉红辣椒，倒在餐盘正中，洒上芝麻装饰。

东京沙拉

（供 4 人享用）

在日本，沙拉相对而言还是一个比较现代化的产品，然而，有时候现代化的是好的，比如什锦绿色蔬菜淋上轻淡的芝麻酱汁。大多数什锦沙拉含有水菜——一种轻如鸿毛的绿色植物，为沙拉平添一份醒目的清爽。在天热的几个月里就享受这道沙拉吧！

200 克铅笔粗细的芦笋，去除底部木质茎

6 杯菜心

1/2 杯切成薄片的芹菜

1/2 杯切成小丁的红椒

1 棵葱，去头尾粗糙部分，切成葱花

2 汤匙香菜末，另 4 簇香菜做装饰，备用

5 片紫苏薄片

1 个李子状番茄，去核，切 12 瓣

调味料：

3 汤匙米醋

2 汤匙红洋葱碎末

1 茶匙黄砂糖

1 汤匙烘烤芝麻油

一撮盐和新研磨黑胡椒

1. 中等大小平底锅倒 1 杯水，煮沸。放入芦笋，高温煮 45 秒左右，或至刀尖能轻松划开芦笋时，沥干，冷水下冲洗。移到铺有 2 层厚纸巾的盘中，冷却。将嫩芽斜切成 3 厘米长的小片。放一些芦笋尖在一旁做装饰。

2. 将煮好的芦笋、菜心、芹菜、红椒、葱、香菜末和紫苏放在沙拉碗中搅拌混合。

3. 在小碗中混合米醋、红洋葱和黄砂糖，至砂糖完全溶解。调入芝麻油、盐和几颗黑胡椒。将调料淋在沙拉上，倾斜沙拉碗，让蔬菜裹上调料。摆好 4 只沙拉碟，在每只碟中放入一份沙拉，摆上 3 瓣番茄、芦笋尖和一簇香菜。

第三大支柱：米饭

童年时，常有另一辆小摊车会骑过东京大街小巷。与卖红薯小贩的不同之处在于，他不唱歌。他把小摊车停在那儿、打开机器来吸引客户。他的机器发出噼里啪啦的声响，传到左邻右舍的耳中，更会叫孩子们立时捧着一大捧米围在他旁边。

他就是米果小贩，也称 Ponsenbei 先生。"Pon"是破裂声，"senbei"就是"米果"了。

米果先生取走你捧着的大米，倒进一个用水压发电的，像是烤华夫饼的机器里，再盖紧盖子。听到大米爆破声，我们便欢呼雀跃。再过个几秒钟，从机器里倒出来的就是热气腾腾、香喷喷、新鲜松脆、肥嘟嘟的米果了。它好吃得不得了，而且只要 10 日元（大概 9 美分）。

和大部分日本妈妈一样，我们家附近的所有妈妈也都严格控制孩子们的甜点零食量，不过米果相对来说还是比较健康的，因此绝对列在妈妈们的"准入名册"上。现在，我妈妈宣称，通过营养学博士的验证："米饭是好的碳水化合物。"

在日本，米饭不仅仅是营养支柱，同时也是艺术理想。日本人和米饭之间有着某种神奇的关联。"对日本人来说，"历史学家阿曼达·梅耶说道，"仲夏时生机盎然的绿色稻田、丰收时节使金色稻秆弯下腰的成熟果实，和秋天里阳光下晒干的棕色稻秆，象征着财富、成就和繁荣昌盛。"

想象一下，日本与亚洲其他国家仍在举办全球最盛大、最长的米饭派对，这个派对已经开了有 1300 年了。

如果你是古日本时期，比如公元 900 年左右的旅行者，行走在林间小路上，你大概会随身带一包米饭干。这是将米饭蒸熟、晒干后放在包包里可随身携带的食物。只要加上开水，立刻变身即食餐。

米饭是人们日常生活的一员，更是长相陪伴的伙伴，从垂髫时期到花甲之年，几乎每天都吃米饭。日本人将大米制成宗教供品、主食、待客之餐、烹调油、醋、清酒；将稻秆做成榻榻米、纸张、帽子、绳子，甚至老早以前还做成过凉鞋和毯子。

不过最主要的一点是，米饭是日本家庭烹饪的主要原料。它是一种被盛到专属于它的碗里，每一餐都上桌，几乎已经成了特色，而且通常就是一碗白饭：不加油，不加黄油，不加酱汁。

"饭碗里不要剩下一粒米，"日本小孩子经常被家长这样提醒，"因为农民种地很辛苦。"因此，用餐完毕后，典型的日本饭碗就像给猫咪舔过一样干净。只剩下哪怕一粒米也被认为很不好，那根本就是有罪。

> 位于所有之上的是米饭。黑暗角落里的黑漆蒸米桶闪着光，不仅看起来十分美好，而且十分有助于刺激食欲。桶盖被轻快地提起，蒸熟的米饭洁白新鲜，充盈在黑漆容器里，每一颗米粒都饱满如珍珠，散发出翻腾的热气。没有哪个日本人不为这一幕所动。我们的烹饪基于阴影，和暗这个元素分不开。
>
> ——Junichiro Tanizaki,《对阴影的颂赞》

日本人最喜欢吃短粒白米，因为它有嚼劲，带点黏性，又很蓬松。米饭应该是彼此黏在一起，可又不黏成一团。我妈妈最爱的也是日本人最爱的米,优质短粒米中称为"越光"(Koshihikari)米的一种。越光米有极佳的口感和味道——口感带甜,正是我们希望米饭所拥有的味道。

还有一种大米制成的庆典佳肴——年糕,是新年庆典的亮点所在,日本的新年比西方的新年庆典要来得更加隆重和盛大。我们的新年庆祝活动会持续7天,从1月1日开始——一周的庆祝在御节时达到高潮,御节是日本最盛大的一年一度的家庭节日聚餐。新年周简直就是将圣诞节、感恩节以及美国国庆节集于一身的节日。所有人聚集在一起,我是说——所——有——人——祖父母、阿姨叔叔、堂表兄妹、邻居和亲密的朋友……一起开派对,一起吃特别的御节大餐,互致祝福新的一年身体健康、幸福团圆。

新年庆典特别盛大,所以和所有其他日本人一样,我妈妈在庆典前2个星期就开始买菜做饭准备东西了。她去筑地鱼市买鱼,去附近的上野市场置办干货,去当地商场买蔬菜,去酒店买罐装啤酒和一瓶瓶清酒。我和妹妹还住在家里的时候,便会帮她一起切菜和准备重要食材,爸爸也会。家里所有人齐心协力,因为这样的一个工作量对于个人来说也未免过于巨大——即使那个人是妈妈。

12月底,日本家家户户都要做一件很重要的事情,准备新年庆典,这就是在院子里"打年糕",将米饭变成一种黏糊糊好玩又有趣的食物,口感和黏度近似于比萨面团或面包面团。这一日本传统在外人看来可能有些古灵精怪,所以我得解释解释。

在传统的打年糕仪式里,一群成年男子,包括家里的父亲,站在一只装有新鲜出炉的米饭的木桶周围,米饭特别热,还冒着滚滚的蒸汽。这些男人们轮流一边喊"Yoi-sho"——这大概能翻译成"走!"——一边拿礼仪木槌击打米饭。每捶打一次就会有一个妇女上前翻动木桶里的米饭团,这样能让米饭整体均匀地被击打,她会在木槌再次落下前及时收回手。孩子们很喜欢看这个表演,看到米饭慢慢变成一大块厚厚、黏黏的面团子让人兴奋。对日本孩子来说,看到父亲挥舞着打年糕的大槌就跟美国小孩看父亲在后院系着围裙、戴着厨师帽烧烤一样好玩。打年糕仪式带有近乎圣典的意义,不过小孩子是无法体会这一点的。

"日本人相信击打米饭能带出它的神圣力量,而年糕里有着谷物的精神体,"维多利亚·艾伯特·丽卡迪在《解开我的筷子:京都烹饪》一书中这样写道,"古代,农民会将年糕扔到水井中祭拜水神。10天以后,他们会在院子里抛撒更多年糕。如果乌鸦吃了,则预示这一年会有好收成。"

当米饭变成太妃糖般的黏团后,将它分成一个个5厘米见方的小块,之后就可以佐上作料食用,如酱油、萝卜丝或大豆粉与砂糖的混合。调上酱油的年糕用紫菜包上,原味年糕和短粒大米一样有一种大地的微甘,两者最大的区别就在于年糕有嚼劲和黏腻的质感。

在整个新年假期,我们以年糕来代替米饭。这段时间特殊的年糕菜肴是杂煮,用鱼汤清汤打底,煮烤年糕、小块鸡肉和三叶芹。在假期的最后一天,经过6天的派对和净吃的庆祝大餐,我们会让胃好好休息休息,这时会只吃稀饭和7种时蔬。所以米饭既是节日的一部分,又是过度进食的解药。

很多年以来,米饭都是这个全球最长寿的民族高碳水化合物饮食的重要支柱。在米饭与肥胖以及米饭与长寿之间有什么关联吗?专家有很多理论支持碳水化合物的优点,含碳水化合物的食物当然不只是米饭，还有蔬菜和水果。

米饭的好处之一和碳水化合物对体重带来的影响有关。"长期研究表明，保持体重不增长的是高碳水化合物饮食的人。"明尼苏达大学营养学教授乔安妮·斯莱文说道，她为2005年美国饮食指南委员会回顾了碳水化合物和全谷物饮食的研究。我真心觉得米饭是日本人相对比较瘦的主要原因：在日本有每餐2小碗米饭的标准。米饭和其他菜一起食用——吃几口米饭，然后吃鱼，再吃几口米饭，然后吃蔬菜，汤，然后再吃米饭。我们就是这样把自己填饱的，给甜食留不了多少空间。

米饭也有无数营养益处，它含复合碳水化合物、多种重要的营养素，基本不含或含极少量的钠、饱和脂肪、反式脂肪或胆固醇。强烈推荐米饭的研究员之一、日本社会肥胖病研究机构代表主任坂田利家（Dr.Toshiie Sakata）博士认为，米饭"是几乎完美的食品——非常营养，黏黏的，有嚼劲儿"。

2005年《美国饮食指南》指出了碳水化合物在健康饮食中的重要性，建议大部分成年人一天摄取的热量中45%～65%最好来自碳水化合物。在日本，人们从碳水化合物中摄取60%的每日热量，与《美国饮食指南》的建议相一致，这其中，米饭就要占到一半之多。

在此有个小窍门，能让你吃得比日本人的平均水平更健康，好好利用专家所建议的"多吃全谷物食品"——多吃糙米！

我想你会发现，米饭，不论是糙米还是白米，它们都很简单、好吃，也都能添加到你的日常饮食里头去。而且米饭也是其他营养价值较低食物之健康替代品。

鸡肉和鸡蛋盖饭
（供 4 人享用）

难以否认，鸡肉、鸡蛋、米饭和烹得喷香的东京葱真是曼妙的组合。之所以它在日本是非常流行的菜肴，是因为其烹调简单，吃过让人心满意足，且有益健康。

东京葱在很多日本料理中都有出现，看着像韭葱，不过要更软更温和一些。当然，你也能用韭葱代替东京葱，味道一样棒。

4 只大鸡蛋

1 杯鱼汤

1/4 杯清酒

1 只中等大小的黄洋葱，去皮，切半，每半边切成薄月形小片

1 棵东京葱（或 1 棵小韭葱），去根部和顶端粗糙部分，洗净，斜切成细片

1/2 茶匙低钠酱油

1 茶匙砂糖

1 茶匙盐

1 茶匙味淋

200 克去骨、去皮鸡胸肉，切成小块

6 杯热米饭或糙米饭

4 根三叶芹（或意大利欧芹）

1. 鸡蛋打在小碗中，搅拌均匀。

2. 将鱼汤倒入中号汤锅，开大火加热。放入洋葱和东京葱（或韭葱），煮沸。调至中火，炖至蔬菜松软，大约 5 分钟。拌入酱油、汤、盐和味淋。

3. 倒入鸡肉块，煮 3 分钟。将鸡蛋倒到鸡肉块上，形成一顶鸡蛋"帽子"。调中火，煮大约 2 分钟，或直到鸡蛋、鸡肉煮熟为止。搅拌，关火。

4. 摆好 4 只大碗。每只碗中舀入 1.5 杯热米饭，将 1/4 份本道菜品置于米饭上方。用 1 根三叶芹（或欧芹）装饰每只碗。

日式自在美食：饭团
（供 4 人享用 / 每人 3 个饭团）

饭团是典型的日本自在美食。在日本乡下我祖父母的农舍里，老人家总会在厨房桌子上摆一盘新鲜饭团，街坊四邻和亲戚朋友串门的时候会顺手拿个饭团扔到嘴里。我妈妈也会为我们上学的午餐便当或家庭野餐做饭团。现在，你也能加入到上百万喜欢饭团简餐或健康零食的大军之中了。

这个食谱是用 3 种不同的馅料制作饭团的。其一，梅干馅（腌制晒干的日本杏仁，出于某些原因它们在美国经常被称作李子），它是米饭团的首选馅料，也是整个日本午餐盒中最受欢迎的配菜。你能在超市的亚洲食品区、日本店或一些购物网站买到。

要提请注意的是，等做好所有饭团之后，除非你一边做一边标识，否则是没办法分辨里面到底是什么馅的。不过，从小到大，这也正是做饭团子有趣的一部分；咬饭团的时候从来不知道将会吃到什么馅!

60 克三文鱼片

20 克鲣鱼薄片

1.5 茶匙低钠酱油

4 粒去核梅干

6 杯煮好的米饭或糙米

6 片 20 厘米见方的烘烤紫菜,每片切成 4 小块

1. 先将烤架或烤箱预热至中温。将三文鱼放在烤架上或铺了锡箔纸的发热片上,烤 6 至 7 分钟,或直到三文鱼熟透。冷却后,去除三文鱼皮,将鱼片分 4 份。

2. 在小碗中混合鲣鱼薄片和酱油。

3. 将梅干置于小碗中。

4. 另一只小碗注水。稍微打湿双手,避免沾上米粒。在一只手上放 1/2 杯米饭,用另一只手的人拇指在米饭中间挖一个凹陷。在凹陷处放一块三文鱼,再用米饭填好。双手轻轻挤压米饭做成圆形饭团,让它看着像是缩小版变平了的汉堡,往复多次挤压饭团使其紧实。重复相同步骤,做完剩下的 3 份三文鱼,每做一个饭团前都要将手打湿。

5. 用以上步骤制作 4 个浸过酱油的鲣鱼薄片饭团。制作完成之后,再用相同方法制作梅干馅的。那么你现在有 12 个饭团了,可以选择是否做标记——完全取决于你和家人是否喜欢惊喜。

6. 制作饭团时,掌心放一片紫菜,将饭团其中一个平面向下

放在紫菜上。将紫菜边缘按到饭团上，在饭团上面再盖上另一片紫菜。双手轻轻挤压饭团，保证紫菜完全贴合在饭团上。用同样方法包其他饭团。完事大吉！马上就可以吃了。

东京厨房小贴士：

用温热或热、烫的米饭做出的饭团最美味。

挤压饭团时用力要适当，不能太重也不能太轻。饭团应该紧实，不致还没吃到嘴里就散架了。

牛肉盖饭

（供 4 人享用）

这是日本人如何在家烹调美味又饱腹的牛肉菜的绝佳例子——只需用到极少量的牛肉。这是简约版的鸡素烧（切成细丝的牛肉和蔬菜放在甜酱油汤里炖），舀上一勺浇在一碗热饭上。

可以在大多数日本店的冷冻区买到切成薄片的牛肉，用起来顺手，牛肉又很嫩，简直就是这道冬令佳肴的最佳拍档。如果你选择在一般的商场购买牛肉，在切片前先冷冻一下。这能让你（用极锋利的刀）将它切成纸片般薄。

我老觉得这道牛肉盖饭最出彩的部分不是牛肉，而是浸润了牛肉甜汁的又热又香的米饭。

2 杯鱼汤

1/4 杯清酒

1只中等大小黄洋葱，去皮，切半，切成薄月牙形小片

1棵东京葱（或1小棵韭葱），去掉根部和顶端粗糙部分，洗净，斜切成薄片

3汤匙低钠酱油

1汤匙砂糖

1茶匙碾磨好的海盐

1茶匙味淋

200克牛肉，切成薄牛肉片（约0.3厘米厚），如果你喜欢，也可用牛肉末

6杯热白米饭或糙米

1根葱，去除根部和顶部，切成葱花

1. 将鱼汤和清酒倒进中号汤锅，高火加热。放入洋葱和东京葱（或韭葱），煮沸。调至中火，将蔬菜炖软，约5分钟。倒进酱油、砂糖、盐、味淋搅拌。放入牛肉，煨至熟透，约40秒（如果切成薄片就会很快煮熟）。

2. 摆4只碗。每只碗中盛入1.5杯热饭，用大汤勺舀1勺牛肉混合物到米饭上，洒少许葱花点缀。

第四大支柱：豆

我们曾经在东京附近的青山租了套公寓，时值 8 月，我和丈夫比利正在公寓前厅休息。

东京之夏是会让人头昏脑涨的，平流层的高温和湿度使得从大楼走到地铁站那一段路变得好似没有尽头。每个人都像刚从昏睡里醒过来一样，渴望着在一天结束时恢复一下活力。当晚，我们坐在草坪椅子上，静等凉爽的小清风。

我贪恋冰镇的朝日啤酒。

我们前头的桌子上摆着一只竹篮，里面放着煮熟的新鲜毛豆，冷藏后洒上一点盐。在挥汗如雨一整天，并且在洗了一个热水澡之后，吃点咸的东西是极其美味的，特别是把盐撒到全天然绿色的毛豆荚上。

缓缓地用食指和拇指将豆荚捏松，从边缘上一看见毛豆要露出来了，我就把豆荚放到嘴边，用力一捏，让毛豆掉进嘴巴里。手指滑上去，用同样的手法再挤出另外两粒吃掉，大部分毛豆荚里都有三粒毛豆。

——

任何时候捧着一把毛豆，我都会想起炎夏的夜晚来，因为在我的记忆中，毛豆和冰啤酒根本就是整个日本民族消夏时的固定搭配。

我那时在东京还是个年轻的白领女青年，毛豆也是我们下班后必备的食品。我和同事一离开办公室就直接去百货公司顶楼的露天啤酒花园。即使现在我还是能描绘出那时的画面。

那个啤酒花园其实也是休闲的酒吧餐馆,里面摆着长凳、长桌,上方悬挂着一排排灯笼。走进去甫一坐下,立刻就要点上毛豆和生啤——这是头等首要大事。这种地方的啤酒杯对日本人来说那是非同寻常的大。男人们脱下外套、松开领带、卷起衬衫袖子享用。凉爽的夏日,晚风拂过我们的面庞。

银座的霓虹闪烁着,照亮了整个夜晚,即使夜里十点钟了,环绕附近的一些办公楼窗户里还透着灯光,现出勤勉的雇员们坐在挤挤挨挨的桌前努力工作的情景。

我们的欢笑声冲入云霄,又随微风飘远。

——

今晚,在我们东京公寓的后阳台上,我将一只空的毛豆荚扔到竹篮旁边的碗里,再伸手去拿另一只,然后再一只,直到竹篮空了,而旁边的碗中已堆满了空壳。很快要到晚餐时间了。此时,另一个回忆涌上心头。

我听到来自童年的一个声音,那是妈妈的声音。

在准备晚餐最忙碌的时刻,妈妈把我叫进厨房:"绪奈美,请去买两块绢豆腐。给你钱。"

豆腐店,或者说豆腐铺子,离我家有四个街区。

在大型超级市场出现之前,我们都是在家附近的商店买东西,每家商店专卖一类食品:蔬菜店、水果店、鱼店、肉店、米店、蛋糕店。日本曾经是——在某种程度上现在仍然是——一个充满了小型家庭式运营商店的国度,你很可能会看到一家三代都在柜台后面忙活的情景。

豆腐店也一样，也是家庭作坊式的前店后厂，卖主在家手工制作新鲜豆腐。就像肉铺，只不过换作是卖豆腐。我会提着妈妈的红色购物篮走到那里，摊主两口子都会热情地跟我打招呼。两人都戴着白色棉头巾，围着塑料围裙，穿着雨靴，卷起袖管。

两方大水池几乎占据了整个店铺的主要空间：一方是绢豆腐（非常精致细腻），另一方则是棉豆腐（老豆腐）。还有玻璃橱窗展示着煮熟的豆腐和薄的厚的油炸的豆腐。另外还有豆腐片、腐竹和装着豆腐渣的大蒸笼。

我会挪到柜台前，问："请给我两块绢豆腐好吗？"[1]

女店主会左手抓起一只塑料器皿，右手伸到水池里，非常小心地够到一块豆腐挖出来，不让它有一丁点儿破碎，等一出水就把它滑到塑料器皿里。

豆腐店铺不是买豆腐的唯一地方，之前也有"豆腐小贩"骑着自行车在东京走街串巷卖豆腐。

你会在下午四点，大家都在准备晚餐的时候，听到豆腐小贩的笛声。你拿着自家的碗奔出去，他直接从拖车上的盒子里拿一块冷豆腐给你。我已经很久没看见骑自行车的豆腐小贩了。豆腐店也越来越少。现如今，很多日本人也跟美国人一样，都是在超市购买包装好的豆腐了。

———

在日本，如果一天没吃到全能的低热量、低脂肪、高蛋白的豆

---

[1] 原文为日语：Kinugoshi tofu wo nicho, kudasai。

制品，简直无法想象。主要品种有味噌汤、厚块豆腐、酱油和一些黏黏的发酵纳豆。在有些日本的餐桌上，一餐饭或许会出现三种或三种以上的豆制品。

我爸爸镇雄把大豆称为"来自田野的蛋白质"，我妈妈——一直以来都是营养专家——她声称大豆是"能够取代肉类的优质蛋白质源"，这说法一点儿不错。她喜爱大豆的原因之一是它的多功能、多用途，她注意到"你能在味噌汤中使用豆腐，能制作冷豆腐，能在日本火锅中放豆腐，或用炸厚豆腐炖蔬菜"。

豆腐在一千多年前从中国传至日本，并且很快就变成了食素的禅宗僧人们最喜爱的斋饭，在古代京都地区尤其受欢迎，此后，豆制品便在这里生根发芽了。现在的京都，你还能看到精致的豆腐主题餐厅，如奥丹（Okutan），它从1635年就开始营业了。那里的菜单上有烩豆腐、芝麻豆腐、素天妇罗、山药丝，以及裹上味噌和辣椒嫩芽的炸豆腐。

味噌，是由煮熟的大豆和米或小麦、大麦混合酿制而成，也是由中国传入日本的。不过它到日本的时间比豆腐还要早，大约在公元700年左右。味噌的不同口味会生出多个形容词，如浓郁、复杂、黄油性的、坚果味的、甜、肉质感的、强健有力的、返璞归真的……如此之多不同口味的味噌让它在所有日本厨房中居于被尊崇的地位，被用来作为各种菜肴的调味料，调汤汁、腌汁、煎汁、烧烤汁和饰菜都少不了它。

日本第一畅销烹饪书是1782年于大阪出版的《豆腐百珍》。这本书一出版即大获成功，更是于一年后就出版了《豆腐百珍续》。原书的特色章节有"已知食谱"、"创意新奇食谱"、"终极最佳食谱"和"豆腐奇闻轶事"。《豆腐百珍》中的第一道食谱就是味噌炖豆腐——又是一道菜含有两种豆制品！

最近，大豆成为医学界、科学界层出不穷的正面报道的主角，并以美国食品与药物管理局1999年批准的健康声明到达顶点："低饱和脂肪和胆固醇、每日摄入25克大豆蛋白的饮食或可降低罹患心脏病的概率。"英国的食品标准局也回应了这一主张。

2001年，《哈佛女性健康观察》中提出："大豆在众多植物中独一无二，它提供人体所有必需氨基酸，大豆蛋白和肉类蛋白很相似——但却含有大量不饱和脂肪，而不是饱和脂肪。"

一些专家确信日本民众相对较高的豆制品摄取量也是日本人健康长寿的因素之一。比如，哈佛医学院的鲁道夫·坦齐博士相信日本饮食中的高豆制品含量"提供了类似雌激素的物质，能够预防抵制老年痴呆症。"

一些豆类拥护者的观点是，日本女性食用的豆制品数量远远高于西方女性，从而她们患乳腺癌的概率远比西方女性要低——尽管尚未有确切证据表明两者之间有直接联系。

此外，基于豆类的研究结果也不完全都是正面的。虽然有些研究表明食用豆制品能缓解更年期综合征、预防女性患乳腺癌与骨质疏松症，也预防男性前列腺癌，另一些研究会将过度摄入豆制品与上升的乳腺癌、甲状腺与生育疾病联系起来。

不幸的是，不管是正面的还是负面的，对豆类的研究都还不够完善，要么基于数量过少的样本而不具统计学意义，要么基于人口比较，要么基于动物研究而没有在人类身上进行确认。"人们在研究豆类对人类的健康作用时，没有使用科学研究黄金准则——双盲对照法，"2004 年的《纽约时报》中这样说，"这些研究得出了存在冲突的结论，只供给了很少有益的健康指导，并且引起众多专家之间的激烈辩论。"《时代周刊》报道明确指出没有任何针对人类的研究证明豆制品会导致女性乳腺癌。

很多专家认为豆制品是适度饮食的绝佳选择。比如明尼苏达大学的营养学教授明迪·库泽尔就相信"豆制品很好，以亚洲人的摄入量——一天一两次——摄入豆制品是安全的"。《哈佛健康观察》进行总结："豆制品是健康均衡饮食中很好的蛋白质来源，所谓的健康均衡饮食是指较低的饱和脂肪，较多的各种蛋白质、蔬菜、水果和全谷物。"

哈佛医学院营养学副教授乔治·布莱克本认为，豆制品带来的益处恰为亚洲式饮食和"豆类生活方式"的一部分：食量控制；多吃鱼、瘦肉、家禽和大量蔬菜；用豆制品替代部分牛奶或肉；以及运动，包括骑自行车和步行。

有个事实是显而易见的——日本人是全球食用豆类的冠军，平均每天要食用将近 50 克，中国人平均 10 克，而西方国家还不足 5 克。很多食用豆制品的西方人的食用方法和日本人的也不尽相同。日本人会食用更加自然、不多做加工的豆制品——豆腐、味噌、毛豆、纳豆（酱油当然是个例外），而不是西方流行的豆类填充物、大豆奶昔、大豆汉堡、豆腐芝士蛋糕或者大豆能量棒。

不过，至少有一种豆制品在美国开始盛行。在前不久参加的一场纽约鸡尾酒会上，我很开心看到一盘摆得很漂亮的芝士旁放着一大碗毛豆。毛豆作为零食或开胃菜已经有了一定的地位。看着毛豆越来越流行，我觉得真挺好玩的，这就像是看到日本的邻家小妹长成了超级巨星。

现在也许还不容易在美国找到新鲜毛豆、冰冻毛豆，但不管带着豆荚或没有豆荚的毛豆都一样美味，也在日益流行。

最近在 Whole Foods 超市，我看到一家三代在冷冻区争论：一个 5 岁的小女孩从冷冻柜里拽出一包冻毛豆，她奶奶建议："干吗不买薯条呢？"女孩妈妈斩钉截铁道："不！我们已经两周没吃薯条了，现在正用毛豆替代它！"

我就随便一猜，我眼前看到的这一幕是食物历史的快照——过去，现在与未来。

香菇豆腐清汤

（供 4 人享用）

清汤是集中体现了日本家庭烹饪的纯净、简单、优雅的典范，它们经常出现在像新年大餐这样的特殊场合中。清汤由头遍鱼汤制成，只需加上盐和酱油，便给鱼汤上了一层漂亮的琥珀色。添加的食材最好精细、体积小，这样能够凸显这道菜的美感。

1 块 250 克绢豆腐

4 个香菇，切细片

4 杯鱼汤

2 茶匙低钠酱油

1.5 茶匙盐

1 茶匙清酒

1 棵葱，去掉根部和顶端粗糙部分，切葱花

1. 将豆腐放在滤器或容器中，在冷水下轻轻冲洗。

2. 小汤锅中加水煮沸。调中低火，放入豆腐，焯 2 分钟。沥干，将豆腐切成小块。

3. 另一只小汤锅中加水煮沸，放入切片香菇，低火煮 3 分钟，或煮至香菇变软。沥干。

4. 在大汤锅中倒入鱼汤，煮沸。淋入酱油、清酒和盐。

5. 摆好 4 只汤碗。每只碗底部一侧放一份豆腐，另一侧放一份蘑菇。缓缓将鱼汤倒入碗中，尽量不要弄乱碗中的食材，最后用葱花装饰。

东京厨房小贴士：

用头遍鱼汤（而不是第二遍鱼汤）作汤的底料味道最佳。

单独煮熟食材以确保清汤的澄澈透明（相对于混浊而言）。

白萝卜豆腐味噌汤

（供 4 人享用）

我通常会使用白味噌和红味噌的混合调料，因为我喜欢在同一道菜中尝到红味噌的口感和白味噌的柔软。薄炸豆腐会极富肉质感的吸引力，和嫩萝卜搭配在一起可为味噌汤添上点睛之一笔。萝卜

叶外形讨喜，萝卜嚼起来松脆多汁。大部分日本店出售的白萝卜都带着叶子，要是你买的碰巧没有叶子，也能用西洋菜含辣味的叶子代替。

1 块 7 厘米 ×12 厘米见方的薄炸豆腐
6 杯鱼汤
2 杯白萝卜，切成火柴棍长短细丝
几片萝卜叶（或一小捧西洋菜），切细条
2.5 汤匙红色或白色味噌（或混合二者使用）

1. 小汤锅中注水，煮沸。放入薄炸豆腐，中火慢炖，偶尔翻转，煮1分钟；沥干（这样能去除多余油分）。将豆腐纵向切半，每半边切细条，备用。

2. 往中号汤锅中倒入鱼汤，放入萝卜丝，煮沸，煮至萝卜丝变得透明为止，大约5分钟。放入萝卜叶子（或西洋菜）和豆腐丝，再次煮沸。调成中火，煮2分钟，或煮至绿叶菜变软。慢慢调入味噌，关火。用大汤勺将汤舀入4只小汤碗中。

东京厨房小贴士：

要煮熟硬的根菜，如萝卜，需将蔬菜放在冷的液体（水或汤）中煮沸，这样能使其整体均匀地熟透。若将硬质蔬菜放到沸腾的液体里煮，在其中心煮熟的时候，外部已经熟过头了。

美味的夏日毛豆

（供 4 人享用）

具坚果香的毛豆是冰啤酒的绝佳伴侣。在美国，夏天的几个月能从一些超市和农产品市场买到新鲜毛豆。如果你找不到新鲜毛豆，那么冰冻带豆荚的毛豆也是不错的替代品。

几束新鲜毛豆（或者 450 克一包的带豆荚冰冻毛豆）
盐

1. 新鲜毛豆：用冷水冲洗带柄的毛豆荚，洗去残留泥污。去除叶和根。汤锅加水，煮沸，放入毛豆，必要时将枝条切断去适配锅的大小。煮 5 分钟，或煮至从豆荚中挤出的毛豆变软。沥干，在冷水下冲洗，放入餐盘。洒上少许盐，翻身，冷却至室温。

2. 冷冻毛豆：在大汤锅中注入几寸深的水，煮沸。放入毛豆，根据包装指示煮至毛豆熟透（很多品牌的冷冻毛豆已经预先煮过了，故与新鲜毛豆相比所需时间较短）。沥干，置于冷水下冲洗，放入餐盘。洒上少许盐，翻身，冷却至室温。

3. 食用时，将豆荚放到嘴边，将豆荚中的毛豆轻轻挤到嘴里，将豆荚扔到空碗中。

第五大支柱：面条

日本首相在家，坐在一把舒适的红椅子中。他盯着巨大的电视荧幕，心里想着面条。

这是 2005 年 8 月 4 日，头发蓬松、喜欢歌剧和猫王的日本首相小泉纯一郎正处于职业生涯中最大的一场战斗——他想打破日本邮政服务全部国有化的局面，要将其私有化。这也是当时全球最大的金融机构，握有近 3 兆（是的，兆）资产。那一周，他因此事被威胁解散日本国会并举行一场没准儿就要将他和他的政党从办公室里扔出去的选举。

不过当下，坐在位于东京市中心的小山坡上、明亮崭新的家庭办公一体化房间里，这位首相考虑的却是——袋装即食拉面的味道。

日本政府首脑是位热情的面条鉴赏家。他喜欢悄悄溜出去，在附近拥挤的中式拉面馆里吃一顿快捷的打工者午餐。美国前总统布什访问日本时，他便邀请这个得克萨斯人在东京面馆里吃的饭。2004 年，在纽约，在洋基棒球场扔出完美的第一球后，小泉让他的车队在东五十二街的日本餐馆停下，然后打包带走了两份荞麦面———份热的，一份冷的。

而在 2005 年夏天的这一天，他凝神思考的是外太空的面条。在地球上空约 354 公里处，以时速 28164 公里行进的美国宇宙飞船发现号上，一位 40 岁的日本宇航员野口聪一（Soichi Noguchi）正接受大老板的视频连线，回答现场提问。

"野口先生，"小泉首相问道，"我尝过太空面条，但它们在太空上吃起来怎么样？好吃吗？"

问题中提及的面条是一批太空试验品，是由在即食面领域中处于领先地位的日清食品公司出品的太空面条。被取名为"太空拉面"的面条试验品先经过油炸，再被真空包装在浓厚的辣汤里。"太空拉面"有4种口味：酱油味、味噌味、咖喱味和猪肉味。

和首相一样也是位面条拥趸的宇航员仔细考虑这个问题。

"太空面条，"野口回答道，"是我非常盼望的事情之一。"他的结论是："它们与地球上的面条一样美味。"

在距离东京大约480公里的大阪府，即食面（于1958年）在那里诞生，后来又诞生了太空面条（于2005年），95岁高龄的安藤百福激动得难以控制自己的情绪。"这简直就是个梦，"日清创始人安藤说道，"想象一下——拉面飞上了太空！"

———

和小泉首相、野口宇航员以及千百万其他日本人一样，我也喜欢面条。

我喜欢面条的质感。所有的面条——荞麦面、乌冬面、拉面、素面，只要你说得出的。

我喜欢它们的味道。

我喜欢它们可靠、有嚼劲的特质。

我喜欢它们的随性、优雅、淡定。

我喜欢它们所呈现出来的外观，比如说，白色的乌冬面浸在浓厚棕色的汤汁中，旁边漂浮着绿色蔬菜和豆腐片，散发出浓郁醉人的清香。

我喜欢不同的面条讲述不同季节的不同故事，尤其是冬、夏两季。冬季的故事是由陶罐煮的乌冬面伴上热汤中的蔬菜、鸡蛋和鲜虾天妇罗来的。陶罐直接从炉灶上移到桌上，可保持食物一直热烫。吃进第一口面条之后，整个人都由内而外地暖和起来。

在夏日潮湿的午后，每到胃口和精力值不断降低的时候，我就用冷荞麦面或中国鸡蛋面沙拉当午餐，既消暑降温又提神。我也会将"天使的发丝"一般的素面盖在玻璃浅碗中的方块冰块上，配上姜丝、葱末和山葵酱混合的调料。超细的面条，紫苏叶装饰，漂浮在冰块上，这个画面让我想起涓涓小溪水流过青山。只是用眼睛看，都已经觉得凉爽多了。

妈妈有她自己的夏日最爱。"我喜欢冷荞麦面拌天妇罗和其他饰菜，"她说，"或是冷中国面加上五种食材，如黄瓜片、番茄、鸡蛋、裙带菜和火腿。就用米醋、酱油、芝麻油以及芥末酱制成调料拌着吃。"

妈妈也喜欢意大利细面。她有时候会拿鳕鱼子拌意大利细面条，配上紫菜条，做成独具她个人风格的日式意面。跟很多日本人一样，她既喜欢东方的面条，也喜欢西方的面条。不过，传统的日本面条，像乌冬和荞麦面，从来不会拌芝士、奶油、油、黄油或番茄酱这些在典型意大利面中会出现的作料。举例来说，食用冷荞麦面时通常只会在旁边摆上一碗蘸汁。

上个月，我发现我的日本丈夫在厨房煮着 hiyashichuuka——冷荞麦面配甜酱、黄瓜丝、番茄和小香肠。对他来说，这是很快就能做好的一餐，对我来说却是救命餐。他对一个怀孕的美国女人所需的了解，甚至超过我本人！

　　日本这个地方常常提醒我，饭前和饭后都应当感恩，预备自己的身体去吸收一餐饭中的益处——食物、同伴、回忆。

　　　　　　——Elise Tokumasu，住在东京的美国女人

　　东西方在吃面条的方式上也经常有所差别。很多日本人，尤其是超过 60 岁的日本人，包括我们的首相小泉先生，会啧啧有声地用"守旧派"方式吃面条。年纪大一点的日本人从小就被训练成吃面条或喝汤的时候要发出很大的声响，那样才可表达出由衷的高兴，用最大的热情表现对食物的喜爱。年轻一代的日本人比较谨慎地享受面条，没有那么明显的喜悦，不会过度夸张，我们一样，都在吃面时不发出吸溜声。这完全是由面条划分出的年代所决定的。

　　日本有不少于 20 万家面馆，比其他任何餐馆都多，日本人每年要食用 60 亿包即食拉面，而美国人仅食用 26 亿包。很多日本面馆都像往墙面上挖了个洞做成的店面，大概只有 10 个座位，一个柜台，一个自助饮水机，但是不管多简陋的面馆也照样是面条圣地。

　　食物历史学家 Naomichi Ishige 认为，日本人"对面条狂热"根深蒂固。"据文献记录表明，"他写道，"在 17 世纪中叶，很明显荞麦面还是下层社会的食物。但到了 18 世纪早期，装饰华丽的荞麦面馆出现，只有上层社会人士才会去那里吃。到了 18 世纪晚期，便有高级武士们会在封建领主的家里讨论哪家荞麦面馆或寿司店味道最好。"

　　有人估算，在 1818 年，东京（或者说江户，这是那时候的名

称）有超过 3000 家荞麦面馆。如此小的地方有如此之多的面馆，甚至有些面馆相距只有四五十米。被此情此景惊着了的游客称这个城市"为荞麦面疯狂"。

1923 年东京大地震和火灾劫难过后，一些中国面摊在一片废墟之中涌现出来，提供了人们有能力购买的拉面，汤底是美味的牛肉汤、鸡汤或者鱼汤，上面铺着猪肉，撒着洋葱和芝麻。于是一场"拉面热"就此诞生，拉面店也成了日本的汉堡摊。

今日日本，东京和其他地方的面店都有送货上门服务，用小小的电动摩托车将热面条和汤送到客人家里。在火车站附近，你能看到"立食荞麦面"的速食型荞麦面馆——在那里只能站在柜台前埋头苦吃，不设桌子。

在日本，你在哪个地区长大往往决定你会偏爱哪种面条。

东京的西部和南部，像在京都和大阪长大的要比较偏爱圆滚滚的白色乌冬面和麦粉制作的面条。

和来自东京的很多人一样，我也喜欢荞麦面，这是由荞麦粉和小麦粉调和制作的棕色、细条、有坚果味的面条。荞麦粉的比例越高，面条质量越好。荞麦面在日本比较冷的北部地区也很流行，因为那里是荞麦生长的地方。

大部分长的意大利面是管状的，而荞麦面则是切成四方的，我认为就是这样才为它添加了令人无法抗拒的美味和嚼劲。不管是家还是餐馆，荞麦面多装于竹制表面的漆盒里，以此平添了更多美学感染力。

荞麦面在日本也具象征意义。除夕夜接近午夜时，我们有食用荞麦面的传统，或称其为"过年面"。面条象征着新开始、新希望，还有长寿。

从营养学的角度来说，荞麦面也是好处极多：它富含蛋白质、纤维素、全谷物和复合碳水化合物。

完美荞麦面
（供 4 人享用）

我还能说什么？这名字已经全包括了。荞麦面和鲜虾天妇罗躺在浓香又富美感的日本热汤碗里，就是我认为最完美的东京面条。日式七味粉是混合了红辣椒粉、烘烤橘皮、白色和黑色芝麻、日本辣椒、海草和姜的调味粉，可以给汤头加入辣，辛和麻之口感。如果找不到七味粉，也可用小红椒粉代替，只不过它只会给面条添加辛辣味，而不会像七味粉一样既添辣又增香。

4 杯鱼汤

1 杯包装好的大鲣鱼片

1/4 杯清酒

1/4 杯味淋

1/4 杯低钠酱油

1 茶匙砂糖

1 茶匙盐

8 块鲜虾天妇罗

450 克干荞麦面

1 棵葱，去头尾，切葱花

4 小棵三叶芹或意大利欧芹

七味粉（可在日本超市购买到）

1. 大汤锅中倒入鱼汤，高火煮沸。倒入鲣鱼片，再次煮沸。关火，用双层棉布纱过滤鱼汤。将滤去鱼片的鱼汤倒回汤锅中，淋入清酒、味淋、酱油、糖和盐。煮沸后，调至最小火，保温。

2. 另一只大汤锅中注水，中高火加热煮荞麦面。

3. 根据前文提示方法制作天妇罗。

4. 将第 2 步中的水煮沸后放入荞麦面，搅拌均匀以免面条黏连。根据包装说明煮至熟透（大部分荞麦面需要煮 6—8 分钟，煮沸时测试看看是不是熟透了）。煮至面条刚好爽口的时候沥干水分。沥干后放漏勺中冷水冲洗，除去残余淀粉浆。

5. 将鱼汤重新煮沸。摆好 4 只汤碗，面条分作 4 份。每只碗面条上方摆 2 只鲜虾天妇罗，再倒入 1/4 鱼汤。洒上葱花和三叶芹装饰。用餐者自行酌量加入七味粉调味。

东京厨房小贴士：

估算好制作天妇罗和煮面条的时间，同时做好，即可食用。

冷荞麦面

（供 4 人享用）

在日本天气转热之时，这道清凉的面食是中餐和晚餐的提神必备佳肴。它营养又清淡。酱汁只需要 3 种食材合三为一即可，操作起来简便容易。不过，要是你愿意，也能在任何一间日本超市里购买到即食酱蘸汁。酱汁包装上通常会写明"面条蘸酱——即食的荞麦面蘸汁"。当然，我认为新鲜制作出来的最好，可即食酱汁也不错就是了。

传统的面条放置在面条篮（也叫笊"zaru"，这也是为什么它会被称为"笊荞麦面"的原因）或放在荞麦面屉里，屉上还装备着能滤去多余水分的竹制过滤器。在出售日本厨具、餐具的商店可以买到这些器物，但它并不是必需的。只要简单到保证面条放置于餐盘前已经沥干就好。

2 杯鱼汤

1.5 杯味淋

1.5 杯低钠酱油

300 克干荞麦面

半杯萝卜丝，沥去多余汁液

2 汤匙烘烤碾磨好的白芝麻

新鲜摩擦的山葵（或山葵膏）

1 棵葱，去除头尾粗糙部分，切葱花

1 片 20 厘米见方的烘烤紫菜，剪成细短条

1. 往中等大小的汤锅中倒入鱼汤、味淋和酱油，高火加热。煮沸后，关火，冷却至室温（若要加速冷却的话，将蘸汁放在小金属碗里，将金属碗置于盛有冰块或冷水的大碗，偶尔搅拌）。将冷却好的蘸汁倒在蘸汁杯中，上桌。

2. 准备好蘸汁之后,在大汤锅中加水,煮沸。放入荞麦面,不时搅拌以防止面条黏连。根据包装说明煮熟面条,约 6~8 分钟。不过,在煮沸后试一下面条,在正好爽口的时候沥干水分。沥干后,放在冷水下冲洗,除去残余淀粉浆。

3. 白萝卜丝堆在小碟上。芝麻放在小碗中,置小勺备用。在小碟中再放少许山葵膏(约 2 茶匙)及葱花。所有饰菜上桌。

4. 将荞麦面放到 4 只荞麦面屉上(或置于 4 只沙拉餐盘)。在面条上洒上紫菜,与 4 小碗或 4 小杯蘸汁一起上桌。让用餐者根据自己喜好选用萝卜丝、芝麻和葱花、山葵膏及调好的蘸汁。

日式蛋卷
(供 4 人享用)

这是一道日式家常菜中的经典配餐。它和西式蛋卷有什么区别呢?区别之一在于,做这道蛋卷时用的是鱼汤而不是奶酪芝士;区别之二,是它只用到了一点点糖,只是微甜;区别之三,烹调方法的不同:做蛋卷的时候,两端小小的鸡蛋"圆纹"和树木上的年轮纹路相似,很是可爱!我妈妈经常做日式蛋卷当作冷荞麦面的配餐。

8 只大鸡蛋

2 汤匙鱼汤

1 茶匙清酒

1.5 茶匙砂糖

半茶匙低钠酱油

盐少许

2.5 茶匙芥花油或米糠油

1/4 杯白萝卜丝,沥掉多余水分

2 茶匙新鲜碾磨的山葵(或山葵膏)

1. 鸡蛋打到大碗中,搅拌均匀。

2. 在小碗里混合鱼汤、清酒、糖、酱油和盐,直至糖完全溶解。倒进鸡蛋糊里,搅拌均匀。将鸡蛋糊混合物移到大玻璃量杯。

3. 准备中等大小的方形不粘锅(没有方形的可用圆形的代替),中火加热,倒入半茶匙油,用糕点刷将油均匀涂满锅面。将八分之一鸡蛋混合物倒入锅中,倾斜不粘锅,让鸡蛋糊均匀分布。当鸡蛋边缘掀起的时候,用筷子或铲子由锅的一边将鸡蛋卷至较远的另一边,这样就得到一个长形圆筒状的蛋卷了。蛋卷在锅中留用;你要用它持续制作一个多层的长形圆筒状日式蛋卷。

4. 把第一只蛋卷留在锅内,再倒半茶匙油,涂满锅面。再倒入 1/8 的鸡蛋糊混合物,倾斜以免粘锅,要保证鸡蛋的均匀分布,然后轻轻提起制作好的蛋卷,让鸡蛋糊流到蛋卷下方(这样卷起来更容易)。这次,用制作好的蛋卷作为基础核心,卷到不粘锅另一边,新鲜的鸡蛋糊包在制成的蛋卷外面——如此这般就能得到一个稍稍"胖"一点的蛋卷了。

5. 用同样方法做完其余 6 份鸡蛋糊混合物,滚动圆筒状蛋卷,每次都刷上半茶匙油,每次滚动的时候都用持续变胖的蛋卷为内核。做最后一个的时候可能要降低一些温度,以避免蛋卷外层颜色过深。

6. 将蛋卷移至砧板上，切成 8 等份。简易的切法就是先一切两半，再将每一半再对切，最后，将 4 段蛋卷形成 8 个等份。

7. 摆好 4 只小碟，小碟上摆 2 只蛋卷，切面向上露出层来。另一只小盘中堆萝卜丝和山葵。一起上桌，由用餐者自行选用萝卜丝、山葵和酱油调味。

第六大支柱：茶

你走在一条铺满碎石的花园小路上。

几束阳光透过高大的银杏树叶缝隙，投落在沾满露水的青苔上。

沿路拐个弯，你就能看到前方的茶室了，茅草屋顶、竹木混合搭建的房子，里面隔出多个小间。看上去十分质朴，在林间跃然眼前。

你脱下鞋子，穿过一扇小门，便走入了一个浮世中充满安详与静思的所在，它就是"日本茶道"，亦即日本饮茶仪式。

身着和服的女主人热情鞠躬，招呼你进到一间极其朴素的房间。地上铺着4块草席榻榻米；竹花篮中静静怒放着一枝白色山茶花，正好偏向你的方向，炭火上坐着铁壶，正煮着开水。房间里没有任何家具，也没有任何与饮茶不相干的事物。

没有什么饮料比绿茶更具日本风格了，你将要看到的茶仪式起源于禅宗，经过五世纪的缓慢发展，已成为对茶精神的庆典。"茶道人员需要经年的培训和实践，"19世纪时期的记者小泉八云（Lafcadio Hearn）这样写道，"然而这门艺术，包括它的所有细枝末节，完全只是关乎泡茶和饮茶。其中最重要的部分就是尽可能地用最有礼节、最为优雅、最具魅力的动作去表现它。"

茶道动作像优雅的芭蕾般舒展。随着一系列精细的步骤，女主人清洗好器具并摆到你面前：一只雕刻的竹条勺和一只陶瓷茶碗。还会给你一点糖去唤醒味觉。

当水壶响起日本人称之为"松林之风"的口哨声时，便将它从火上移开，俟女主人将绿茶粉或抹茶舀到茶碗的过程中稍稍冷却一下。和大部分茶一样，绿茶来自常青类的茶树，不过它的处理程序不像红茶那么多，且茶叶氧化的时间也比较短。用来制作抹茶的茶叶尤其不做处理，因此它们娇嫩又新鲜。

加水，女主人轻晃茶碗，瞬间就成了一碗泛着泡沫的饮品，呈献给你。

茶道和绿茶最感性的部分就是要珍惜每一片刻的时光。"我自己的手中，捧着一碗茶，"20世纪里千家（Urasenke）茶道流派大师十五代目千宗室（Soshitsu Sen XV）写道，"我在绿色的茶叶中看到它呈现出大自然的一切。闭上眼睛，我在自己的心里看到青山绿水。独自静坐，品茶，我觉得这一切开始成了部分的我。与别人共享这盏茶，他们便也成了茶与自然。"

可以这么说，日本人喝茶，特别是绿茶之传统已经有几世纪那么久了。12世纪末，一位名叫荣西（Eisai）的和尚从中国将茶叶籽带到日本，到中世纪时，日本贵族们已经开始举办品茶会，品茶会上出现的茶叶品类有上百种之多。很快地，平民百姓也参与到其中。最后，绿茶甚至被融合进一些食物里去，至今仍然如是。像我妈妈就会熬茶粥，用的茶叶是来自家人在三重县附近山坡上种植的茶树，那里的气候接近于亚热带。

美国美食作家维多利亚·艾伯特·里卡迪花了一年时间在日本研究日本饮食，她在这段时间里发现了将绿茶"迷人的草本香味"引入甜点的夏日乐趣。"京都的天气转暖之后，"她为《华盛顿日报》写的稿子中如此说，"茶室会提供各种抹茶口味的甜点：淋上绿茶糖浆的刨冰；填充了蓬松的抹茶慕斯的螺纹海绵蛋糕；点缀着新鲜水果和鲜奶油的抹茶冰激凌。"

煮水、冲茶、饮茶。
这就是你需要知道的所有事情。

——千利休，16世纪茶道大师

绿茶和食物之间的纽带随着怀石料理的兴起更加精进如斯，怀石料理有茶道辅以神功。1590年9月21日晚上，据文字记载，历史上最具影响力的茶道大师千利休（Sen no Rikyu）邀请了4位客人到京都的家中吃饭饮茶。这是于茶道大师家举办的很典型的一个派对，每道菜都精挑细选，都能够更强化饮茶的乐趣与体验。第一道菜是清酒调味的蔬菜海鲷汤，伴一碗米饭。几口提神的清酒煮汤之后，端上的是一份绢豆腐和烤三文鱼。派对以一道栗子甜豆蛋糕结束。然后是茶。

在妈妈的东京厨房，热热的绿茶一向是她的最爱。每餐都以一两杯新沏的煎茶结尾，煎茶也是在日本最受欢迎的绿茶品种。平时，她或许也会沏沏焙茶或英国茶——焙茶是有种树木味道的烘焙绿茶。在特殊的日子，她便会拿出"绿茶之王"——玉露。玉露非常昂贵，味道香醇、微甘。

她在初夏时节会给大家喝新茶，新茶是一年以来收获的第一批茶嫩叶。新茶茶叶的干燥过程比煎茶要短得多，所以新茶有种新鲜绿茶的味道和香气。日本人每年都盼着新茶的到来，然后在5月、6月茶叶正当季时尽情享用。

一天中的任何时候我都喜欢煎茶，因其直接、纯净的青草味。也喜欢玄米茶，这是品质次一些的绿茶和烘烤糙米混合而成的茶。我喜欢玄米抹茶，它是由玄米茶和茶道中所用到的抹茶粉混合而成。这是种反差配搭的学问——抹茶的苦涩和米的泥土甘甜气息；粉末口感和米粒的嚼劲。

对我而言，绿茶极为纯净、清新的味道能够引领一连串情绪：放松、恢复活力、生活情趣、春天和初夏的感觉。

日本人很早之前就将饮茶和健康长寿联系在一起。禅宗荣西和尚、日本绿茶风的创始人，在1211年出版了《食茶养生记》一书。书中，他称茶为"让人感觉永远居于山中的长生不老药"。他还补充道："茶是保持健康最神奇的药丸；这是长生的秘密。它像大地的精灵般在山坡上抽出嫩芽。"

后来，绿茶有益健康的一面也被西方人发现了。1690年，一位德国培训医生恩格尔伯特·肯普费航游到日本，他几乎无法抑制对日本茶的激情。"我相信全世界都没有一株已知的植株，"他在他的旅游日记中大力赞扬日本茶，"能够沏出或烹煮出和日本的茶一样如此浓郁的让胃部舒适、会迅速地自喉咙而下、温和地振奋精神或重建心灵的饮料。"

肯普费继续对绿茶的医学益处做出分析："用几个词来总结这种液体的所有优点，它打开所有阻塞，清洗血液，特别是洗去导致结核、肾结石、瘟热的酒石。"

我不懂他在说些什么，不过，管他呢！如果我们将它翻译成现代医学用语，也许他的话极有道理。

最近，由于诸多研究指出绿茶的抗氧化性和治疗疾病的潜能，它成为一系列正面新闻热潮的主角。绿茶被吹捧为抵御癌症的战士、降低胆固醇的灵药、保护心脏的卫士和燃烧脂肪的仙丹。据说绿茶能够降低血压、抵御糖尿病、延缓老年痴呆症甚至治疗过敏症状。

绿茶的头号粉丝之一就是土桑市的亚利桑那大学内科临床教授安德鲁·威尔博士。在《享受健康美食》一书中，他提出了绿茶中的一种抗氧化剂，EGCG，"在抵御各种癌症上战斗力惊人"，并且也能保护心脏和动脉不受氧化损伤。

有一部分专家认为绿茶的研究很有鼓动性，但不是结论性的。"绿茶有几千年的历史，但临床研究却非常少，"加州大学欧文分校癌症中心的弗兰克·梅肯斯博士说道，"我们还没证明它是如何起作用的，或者说还没有证明它是否真的有用。"诸多对绿茶的断言所出的问题在于它们并不基于使用科学黄金准则的研究——对人类的随机临床控制试验。

2005年，食品与药物管理局拒绝了将绿茶标示为抗癌食品的提议，认为现在并"没有确切证据"支持这种说法。塔夫茨大学营养学和抗氧化学研究员杰弗里·布伦博格教授总结道，对绿茶所作描述的底线应该是："这是无热量饮料。它很好喝。它甚至可能含有有益元素。两杯绿茶和一份水果或蔬菜的黄酮含量相同。这是人们在选择饮料时相对健康的选项。"不过，他提道："茶不是预防癌症或心脏病的神奇药丸。"

对我而言，先将所有这些抗氧化或抵御心脏病的说法放在一旁，绿茶的一个主要优点就是它所含有的咖啡因是咖啡的一半左右，而泡制出的饮品却比咖啡更加醇香。由于我经常饮用冷绿茶或大麦茶，我完全绕过了喝苏打水的机会，这也意味着我躲过了摄入大量糖分或节食饮料中的化学糖分。事实上，我和比利会在冰箱里长期储存一大杯纯自然不含咖啡因和糖分的大麦茶，早餐、晚餐以及口渴的时候都会饮用。

另外，茶，尤其是绿茶的主要好处是，非常简单，我喜欢它。现在，说了这么多绿茶，我真的很想要一杯新茶解渴。我想我要为自己和比利沏一壶下午提神茶了。

同时，让我们慢慢啜饮茶水。

午后的阳光洒在竹子上，喷泉泛起快乐的气泡，茶壶传来松树林中的风声。让我们暂时做一下美梦，留恋事物愚钝的美丽。

——冈仓觉三，《茶之术》

泡日本茶

（供 4 人享用）

新茶

4 茶匙蓬松茶叶

2 杯不是刚煮沸的热水（约 80℃或煮沸后静置 5 分钟）

浸泡时间：1 分钟至 1 分半

玉露

7 茶匙蓬松茶叶

2 杯不是刚煮沸的热水（约 60℃或煮沸后静置 20 分钟）

焙茶、玄米茶或玄米抹茶

浸泡时间：1 分钟至 1 分半

焙茶，玄米茶或者玄米抹茶

3 茶匙蓬松茶叶

2 杯沸水

浸泡时间：30 秒

1. 将茶叶放进茶壶中。
2. 注水（根据茶叶调整水温），根据以上说明的不同茶叶浸泡时间浸泡。由于不同的茶叶所需要的数量、水温和浸泡时间和我上面所说明的会有少许出入，所以请根据茶叶包装上的具体说明泡茶。
3. 摆好 4 只茶杯。每杯注入 1/8 杯茶，一圈后再注入 1/8。重复以上步骤直至倒完所有绿茶。这么做是要为每位客人提供同样浓度的茶。茶水应该只倒到茶杯的一半处或 2/3 处。不要在茶壶中残余一滴液体，因为茶冷却后会变苦。
4. 能用泡过的茶叶再泡第二遍。只需重复第二、第三步即可。

冷大麦茶

冷水中放置一包大麦茶包，在冰箱中放置一夜。第二天早上大麦茶就好了（不同品牌的大麦茶所需要的水量和浸泡时间各有不同。所以请根据包装上的指示泡茶）。

第七大支柱：水果

1878年的某一天，一个女人在日本郊区骑着马，碰巧看到的景象让她满心敬畏。

这是个名叫伊莎贝拉·伯德的英国女人，彼时她正在东京北部的边远地区骑马闲逛，那个时候武士仍然盛行。"那就是个可爱的夏日，尽管炎热，"她回忆道，"隐隐可见覆盖着白雪的会津山顶在阳光下闪着光亮，看着就很清凉。"

她走到米泽（Yonezawa）平原，眼前现出一派壮观的自然景象，如此景观，以至于她要称之为"完美伊甸园"——"亚洲的阿卡迪亚"。洒满阳光的大地上布满"异常丰富"的水果、蔬菜和各种植物把她给镇住了：柿子、杏子、石榴、无花果、水稻、豆、黄瓜、茄子、核桃、大麻和槐蓝。

"它集美丽、勤劳与舒适于一体，耀眼的松冈江（Matsuka）环绕着山脉、灌溉着土地，"她在1880年出版的《日本不败的曲目》中回忆道，"处处都是繁荣美丽的农庄，大大的农舍雕栏玉砌，屋顶上铺盖着厚重的瓦砾，矗立在自己的土地上，四周围绕着柿子树和石榴树，花圃上搭着藤架，用石榴枝条和柳条细密编织的帘笼保护着主人的隐私。"

在伊莎贝拉·伯德的笔下，这片土地正笑逐颜开。

想到伊莎贝拉所看到的画面，我也准定会微笑的，因为它让我想起纪伊半岛三重县里爸爸小时候的家，那里有我的"水果天堂"。他长大的农场在深山里，位于两条大河——栉田川和宫川之间——

有着丰富的雨量和温暖宜人的气候，不啻为一个种植水果的理想所在，这里茁壮成长的橘子有3种，外加其他多种水果和蔬菜。

在家族坡地上的果园中，栽种着饱满多汁的橘子（蜜柑或蜜橘），是这个农场的王牌主打。采收之后置于一个小小的仓库中存放，阴凉的仓库能够保证橘子在送到市场时跟刚摘下来一样新鲜、富有营养。这些橘子被悉心照料着，不仅仅是因为它们富含维生素A和维生素C以及纤维素，也因为它们根本无异于存放在银行里的钱。

家庭水果生意具有低科技、高人性化的运作模式。到了晚上，爸爸和我的叔伯们会帮助爷爷一起将几箩筐的橘子擦得闪闪发光，然后装到一辆带轮子的手推车上。

第二天早上不到5点，他们就会跟车子和一辆护送的自行车一道出发，推的推、拉的拉，带着这辆装满橘子的手推车，穿山越谷，走上整整11公里才能到达松阪市的果蔬市场。他们也会运橘子到沿途村庄里卖给一般的客人们。结束了一整天的运送贩卖以后，爷爷会请孩子们到面馆吃上一碗乌冬面。

我孩提时代的夏天会在农场中度过，还记得我曾偷偷看过仓库，然后惊讶地盯着架子上堆成小山的成熟橘子。

我感觉自己像是爱丽丝漫游橘子仙境。

不管是在家还是在祖父母的农场，水果都是我们最常吃的甜品。在日本，典型的家庭聚餐不会以一块蛋糕、馅饼或一大碗冰激凌结束，而是茶和小块的新鲜水果。

有时候，水果也会被一小碟其他甜点取代——各类饼干或小巧的甜豆类点心，要么绿茶冰激凌，不过要拿它们和西方的甜点相比，那就都只能算一丁点儿大的。由于日本传统的（或根本不存在的）烤箱非常非常小，所以在我们的家庭烹饪中尚未有烘烤甜点的习惯。

爸爸在成长过程中从来没有吃过蛋糕、馅饼或饼干。他和兄弟姐妹会去附近的山坡上摘水果和坚果，像柿子、草莓和栗子等等那些当零食和甜点。

单从数据上看，日本人人均并不比西方人吃更多水果，不过我认为他们吃的水果更加新鲜，在不加处理的状态下食用，也更经常拿水果来当甜点。他们也在其他料理中使用水果，正如我妈妈喜欢做的一样。有时候她会把苹果片放到咖喱里头去，这样苹果的甜味就能抑制住咖喱的辛辣。她也喜欢把切得很碎的苹果加到沙拉调料中去。她最爱的甜品有樱桃、西瓜、葡萄、柿子、草莓，当然还有橘子，现在我爸爸的家人还会从乡下把橘子给我们送到东京来。

日本的其他流行水果包括了富士苹果（被誉为全球最好的水果之一）、日本柿子、日本杏子（梅）、梨、葡萄和瓜。极富芳香的柚子皮在日本被用来制作浓郁的柑橘香料，这在欧洲和美国的高级餐厅也越来越流行。

日本人对甜点的选择和健康长寿有什么关系呢？

有一个好处，通过食用水果代替大块的饼干、蛋糕、甜甜圈、馅饼和其他烘焙点心（尤其是整包购买的上述食品），日本人避开了一种反式脂肪的主要来源——由于反式脂肪在推动心血管疾病中所扮演的角色，它被越来越多的营养专家所抨击。其他反式脂肪来源有包装版的薯片、薄脆饼干、松饼和快餐店里卖的大量油炸烘烤食物。

大约 10 年前，哈佛大学公共健康营养系主任沃尔特·威利特博士写过："根据谨慎估算，美国每年大约有 30 万人死于反式脂肪酸——其中一部分来源于氢化植物油。"

北卡大学的巴里·波普金教授于 2003 年在全国公共广播电台说："反式脂肪酸分子对于引发心血管疾病和癌症起到重要作用。事实证明它比饱和脂肪还要危险得多。所以最近国家科学院和医学研究所声明我们应该尽量少摄入反式脂肪酸。"耶鲁大学医学院的大卫·卡兹教授称反式脂肪"显然对健康非常有害，并且毫无用处"。

2005 年 8 月，纽约的健康部门让所有餐厅主动停止在食物中使用反式脂肪。显然暂时还没人将其合法化，不过基于反式脂肪的极大祸害，也许这确实应该被写进法律条款里去。

在加法等式另一边的水果，全球众多成功医生、科学家以及营养专家、研究人员最为肯定的饮食类别，像地中海饮食、亚洲饮食和抑制高血压饮食中，其一向都是关键组成部分。

对比地中海饮食和日本饮食，雅典大学医学教授安东尼·科特保罗博士指出："共同点是水果、蔬菜以及豆类在其中扮演的有益角色，更不消说日本饮食的特征就是低能量摄入和高鱼类消耗。"

"日本饮食是非常好的饮食方式，也许是最好的，"马里兰大学心脏病专家罗伯特·福格尔博士说，"他们的饮食基本以水果、蔬菜、复合碳水化合物为基础，而我们的饮食却基本上是以动物和简单的糖分为基础。"

一位重要的饮食权威迪恩·奥尼什博士最近竟然被麦当劳雇为营养咨询师,他在一期《时代》周刊中提供饮食建议时强调了水果的重要性:"食用更多好的碳水化合物,如水果、蔬菜、豆类和粗粮,比如全麦面粉和糙米。它们富含纤维素,能减慢吸收速度,在你摄入过多热量之前就已经有饱腹感了。"

而水果也是 2005 年美国联邦政府颁布的《美国饮食指南》中的大明星之一,该指南力促人们应该"增加日常的新鲜水果、蔬菜和全谷物摄入量"。指南中列举了它们富含纤维素以及大部分水果含有相对较低的卡路里等众多优点;还认为水果是"至少 8 种附加营养的重要来源,包括维生素 C、叶酸和钾(有助于控制血压)"。

根据饮食指南,食用更多水果和蔬菜能够降低中风或患其他心血管疾病的风险,也能降低患一些癌症的风险,如口腔咽喉癌、肺癌、食道癌、胃癌和结肠直肠癌。"另外,增加水果蔬菜摄入可能成为减肥塑身计划的有效组成部分。"

我要告诉你我妈妈的东京厨房里水果的秘密:一切的一切均为完美呈现。水果削皮,切成迷你大小,充分展现其原生态的自然美,然后摆放在小巧的陶制或瓷制小碟中。

在我的成长过程中,妈妈一直都非常重视端上餐桌的菜肴的视觉美。现在她在学习泰国料理的食物雕刻,也将这项兴趣提升到了一个崭新的层次。在我上次回日本时,她向我展示了用模拟的肥皂块雕刻的超过 50 种水果雕。它们看上去就像是不同大小、不同颜色的菊花和大丽花。

在妈妈的启迪下,我建议你再吃甜点时,别配蛋糕、冰激凌或一盘巨型曲奇啦,可以试试:

- 挑选 3 种当季的新鲜水果。
- 将其切片，组合成类似花朵、星星、弯弯的月亮或其他大自然的图案或你想象出来的画面。
- 将它们优雅地摆放在漂亮的盘子中。
- 欣赏它们的美好，慢慢品尝 3 种水果带来的独特味道。

当你享用完自己的水果巨制后，说一句"Gochiso-sama"来庆贺一下，它的意思是："这是场饕餮盛宴！"

你现在是个艺术家了——在自然界的水果间创作。

> 食物，不仅是用嘴来吃，用眼睛也一样"可食"。
> 上菜就像画一幅画。
> 食物的摆设得像镶嵌最精美的珠宝首饰一样。
>
> ——森山千鹤子

东京厨房简餐

你已经看过了这本书中的所有食谱，现在，要告诉你如何将它们组合成完整的一餐。

典型的日本家庭料理，尤其是晚餐，包括：

- 1 碗米饭
- 味噌汤或清汤
- 3 道各种食材烹制的配菜

各道菜基本同时端上，这和正式西餐有所不同，也和高档的日本餐厅中包含有许多道菜的大餐——如怀石料理——不一样。享用日本家庭料理时，你会从每道配菜中夹一点，几道菜轮流着，而不是一次只盯着一道菜。

如果制作的是面条，那么它便会取代菜单中的米饭；通常这时候不会上汤，因为面条中已经带汤了。如果烹制的食材是用来盖在米饭或面条上的，如牛肉盖饭、鸡肉鸡蛋盖饭或鲜虾天妇罗盖荞麦面等等，那大概只会有一两道数量较小的配菜佐餐。盖饭或盖面是一种随性、轻巧又易携带的一餐，非常适合作午餐。

早餐范例

1号早餐是典型的日式早餐。每一份数量都不大，但是它却很能填饱肚子、补充能量。

1号早餐

白米饭或糙米饭

白萝卜豆腐味噌汤

一小片煎大西洋鲭鱼

一两条日式蛋卷

几小片紫菜（海草）

绿茶

2号早餐在我母亲东京厨房中名列前茅。汤非常美味，所以你不需要任何其他配菜。

2号早餐
白米饭或糙米饭
甜豌豆白萝卜鸡蛋汤
绿茶

3号早餐是能量早餐,我的制作方法是:米饭、味噌汤、山地蔬菜和海菜、整只鸡蛋。

3号早餐
日本乡村能量早餐,撒上撕碎的紫菜。

午餐范例
午餐的配菜要比晚餐少,主要原因是人们太忙!

1号午餐
日本爽心美食:饭团
东京沙拉
绿茶

2号午餐
冷荞麦面
日式蛋卷

美味的夏日毛豆

绿茶

3 号午餐

鸡肉鸡蛋盖饭

白萝卜豆腐味噌汤

绿茶

4 号午餐

完美荞麦面

金平和牛蒡炒胡萝卜

绿茶

晚餐范例

准备一餐饭菜，尤其是准备晚餐时，我会尝试平衡好各种食材、味道、口感和烹饪方式。我会为鱼配搭鸡蛋和蔬菜，为鸡肉配搭两或三道什锦蔬菜烹制的素菜。

至于各种味道么，我会将一道微甜或辛辣的菜和一道较为清爽的菜组合到一起去。做搭配的时候，不仅仅要考虑到调料和饰菜的味道，而是主要食材的味道。我会为甜味肥厚的照烧鱼搭配上米醋日本沙拉，或者将甜口儿的芝麻拌菠菜和鱼汤煨鹿尾菜豆腐放在一起。混搭口感就是指松脆的搭香软的，多汁的配干燥的。糅合各种烹饪手法就意味着将煨炖与煎炸、煮及生吃相结合。

1 号晚餐

白米饭或糙米饭

短颈蛤蜊味噌汤

芝麻拌菠菜

东京炸鸡

鹿尾菜烧豆腐

绿茶

甜点：新鲜水果片

2 号晚餐

白米饭或糙米饭

白萝卜豆腐味噌汤

三文鱼毛豆饼

味噌煎茄子

葱花鲣鱼片点缀冷豆腐

绿茶

3 号晚餐

白米饭或糙米饭

豆腐香菇清汤

照烧鱼

妈妈的萝卜豆腐

菠菜鲣鱼片

绿茶

4 号晚餐

白米饭或糙米饭

奈保美的日式煎饺

东京沙拉

绿茶

甜点：新鲜水果片

5 号晚餐

热腾腾的白米饭或糙米饭

短颈蛤蜊味噌汤

鲜虾蔬菜天妇罗

切干白萝卜与香菇豆腐

煨多汁豆腐

绿茶

6 号晚餐

白米饭或糙米饭

豆腐香菇清汤

烟熏三文鱼卷包紫苏贝牙菜

翻炒蔬菜

绿茶

甜点：新鲜水果片

轻松起步之选：

要开始你的日式家庭烹饪之旅，我建议阁下做如下选择，它们能帮助你熟悉日本料理。

早餐是迈出的了不起的第一步。

3号早餐
日本乡村能量早餐，撒上撕碎的紫菜。

接下来，当你准备好利用你的新东京厨房做更多菜时，你要开始计划在几天的时间里安排好以下几餐日本料理。

1号午餐
日本爽心美食：饭团
东京沙拉
绿茶

3号午餐
鸡肉鸡蛋盖饭
萝卜豆腐味噌汤
绿茶

1号晚餐

热腾腾的白米饭或糙米饭

短颈蛤蜊味噌汤

芝麻拌菠菜

东京炸鸡

鹿尾菜烧豆腐

绿茶

甜点：新鲜水果片

第六章
武士餐

武士的剑，装束，奇情妙景。

硬是有种关于武士的什么东西，除了酷，还是酷。

——汤姆·克鲁斯

《日本历史》大约已然转换为糙米和白米之间的一场斗争了。这斗争是由一位世上最强大的女战士发起。

跟我一起进入时光穿梭机。

我们一起飞回到，呃，差不多 820 年前好了……

日本历史上最伟大的女性武士被描绘成"美艳不可方物，凝脂玉肤，长长的头发，魅力无穷"。她热爱骏马——也爱战斗。骑行在 50000 山地军士和步兵前头，与虚张声势、满嘴俏皮话的长官男朋友源义仲并驾齐驱。

她的名字叫巴御前（Tomoe Gozen）。

巴御前和源义仲一起光速创造了一连串令人惊叹却又血腥的军事胜利。1183 年夏天，他们来到古代日本的首都京都，这是一个历史的转折点——它所带来的冲击，其后 700 年日本人民一直都能感受得到。

还有一种说法，传说巴御前、她的将军以及他们聚集在山丘的火把营地，在发起向获取首都的战利品的最终一击时，他们还拥有一种秘密武器。被卷在口袋里，可以在介于临界的关键时刻供给能量、恢复体力，也可以在战场上打败数量比自己还多的敌人。

这一秘密武器就是，糙米。

———

巴御前作为一位女性武士，位列人数寥寥的历史人物之间，她往返于神话和历史的微光世界两端，在那里事实和传奇合二为一，密不可分。或许她是文学中杜撰出来的，也没准儿真的是个有血有肉的风采女性。但中世纪文学经典《平家物语》里，将其描绘成世上绝无仅有、残忍的嗜杀狂魔武士。

"她还是非凡的超级射箭手，"故事继续，"女剑客，是以一敌一千的杰出武士，不论骑马还是步行，都准备好了去面对神或者魔。她有控制马匹勇往直前的超能力；她有着危机四伏中却毫发无损的血统。不论何时战斗打响，源义仲总是派她最先出马，坚硬的盔甲，一把超大的剑，一张硬弓；她总是身先士卒，英勇无比。"

巴御前和她的爱人来自日本最美丽而又孤独的地方，现在那片区域叫作长野，在日本的阿尔卑斯山脉中心地带，是一片松树海、轰鸣的瀑布，沸腾的温泉，以及 9000 英尺的漫着白纱一般薄雾的山峰，在那里，野菜花和栗子树花与其他山地花卉竞相怒放在青葱山岗上。

作为军中的先头部队从山中率先冲下，由一个很大的武士家族头领源义仲带领，立志推翻对手平良家族——他们控制着首都，王国，以及充斥着腐败和官僚的一半朝廷。混乱，复杂，超级暴力血腥的制度。

巴御前爱上了她的指挥官源义仲，这一位是个天生令人目眩神迷的战略指挥家，往往会一想到自己的胜利便诗情勃发，臭屁几句。"一次又一次的明察秋毫，"他在与敌交锋的最后战斗中自吹自擂道，"我在帐篷中想到的计谋；我获得了战场上的胜利。什么时候我说开战，敌人立刻就服了；什么时候我进攻，敌人立刻投降。秋风扫落叶真没有什么难的，与冬天霜降使草木皆'冰'一样。"

这是一场全规模的城市战争，像特洛伊战争一般的史诗巨战。21世纪日本饮食历史学家永山久雄提出的有趣的理论所言，当时的战士们，无非就是被困于势如水火的两个极端之间："软米饭伙食" VS "硬米饭伙食"。

居住在源义仲家领地的武士们，吃着他们的糙米饭、鱼、腌菜等等，孔武有力，凶猛善战，该种饮食使得他们的意志力和战斗精神更加锐利。

当巴御前和源义仲胜利进入京都时，石化的敌人已经逃离笼罩着恐怖的首都，占领者被称为救世主。

这绝对是场胜利——有益健康的糙米的胜利。

永山久雄的理论，不寻常之处在于食物居然在历史中扮演了利害攸关的角色。事实上，平安时代（794—1185年），日本的经济和政治常常会与大米联系在一起——在旱涝之际作为缴纳的抵税物或成为危机的源头。

但那时候，人们的欢呼和掌声还响在他的耳畔，巴御前心爱的将军源义仲几乎立即设法就生出好些事来。尽管他是个伟大的武士，却是个不称职的长官。

首先，在当地跟不计其数的女人缠夹不清，然后，军队的麻烦事（据推测是巴御前的队伍）不断。更糟的是，据历史观点来看，他允许士兵们一连几周开狂欢派对，大肆劫掠，让优雅的京都民众受到极大的惊吓，故此引发了城中冲突频仍，砍掉了好多好多脑袋，还一把大火把宫殿烧成了灰。

事态的土崩瓦解，将军却依然沉浸在他的兴奋幻想中。"我要不要当国王？"他沉思着（取自《平家物语》一节），"我是真喜欢我来当国王这个主意，但不是留着男孩子式样头发的我。"

几周之内这一切全盘崩溃，继而成了莎士比亚所写的那样的家族间的宿仇——或者说是《黑道家族》的翻版。

吉源氏家的终极大老板，也是个大军阀，叫源赖朝，因其表兄弟源义仲的悲剧而捡了大漏中了大奖，他派出60000部队，从东部过来将他赶出首都，然后杀掉。

即使经过这么一大堆的麻烦事，英勇无畏的巴御前始终跟她的男人在一起。她和源义仲跑路跑到最后，只剩下了300铁骑军（是从当初的50000人降到这个分儿上的）。但他们最后还是在离京都不远的地方，被事先埋伏好的源赖朝的6000兵马给逮了，他们决定做一个最后的陈词。

起的是古典的刀锋武士范儿，源义仲站在他高高的马镫上，敌人面前声嘶力竭地夸夸其谈，下着命令。在数量上处于劣势的队伍已经几成碎片,但巴御前和她的情人在某种程度上是赤手空拳与敌人肉搏妄图冲开一条血路,他们的小股武士队伍现在只剩下了50个人。不久,经过蜿蜒和斜穿过更多敌军士兵的围攻之后,源义仲的队友只剩5个人还活着了。

此时自负又徒劳的源义仲,现在通常称呼他为"木兽领主"(后来的木兽谷,近其家乡),命令巴御前赶紧逃生,倒不是为着她的生命安全考虑,实是替自己的窘迫做最后的遮掩。"快,现在快跑,"他命令道,"你是个女人,去哪儿随你的便。我大约会战死沙场,要是受了伤就自尽。可不能让别人说木兽领主在最后的战斗里还留着个女人。"

起初她遵从离开,已经开始骑着马离开战场。

不过,据《平氏物语》记载,她勒住了缰绳,心意已决:"若我能找到一个旗鼓相当的对手,我就要战到最后一刻让这个领主看看!"

基于此,她决然冲进对方30武士中,斩下对方头领的首级,猛掷到地上,然后想办法撤退了。她的男人已经飞快地被打倒在树丛中,在那里跳下马卧到一柄剑上自杀身死。

据最后的报告,巴御前甩掉她的头盔和铠甲,消失在东部省份,再也没有任何她的音信。另一个故事版本说她出了家,活到90高龄。

在更宽泛的历史范畴中,尽管巴御前的挣扎和热爱糙米饭的源义仲家族已是微乎其微了。但正是由于逮着机会,大头领源赖朝部才得以夺得京都,这一切所建立起的动力,使源赖朝驱除了平良家的军队——事实上——最后的华彩唱段是1185年的4月,经过海战将其驱除到了海里。

源赖朝最终宣布自己为日本的将军,军队的总指挥。突然之间,不是皇家贵族阶层的武士,执掌了日本国——并且延续了其后的 7 个世纪。武士业成为其时日本的全职精英阶层。

政府的宪法由第一位将军源赖朝创立,他也是"糙米 VS 白米"之战最后的胜者,从 1185 年直至幕府将军的倒台,直至 1868 年武士时代的终结。

———

胜利的源氏家族的饮食习惯及其权力继承者阐明了耐人寻味的一点:"武士餐",其中的许多关键元素,是日本传统料理中最纯粹的形式。

"即使将军制度已建立健全,"历史学家斯蒂芬·坦布尔在他的《武士故事:日本伟大的战士》一书中写道,"除非开宴会,要不一直都非常鲜见武士们吃白米饭。"据坦布尔所描写的武士,大量食用混合了小麦或小米的糙米,再加上水果和像茄子、黄瓜和蘑菇等等蔬菜。"如果他们近海生活,那就额外再加上鱼、贝类和海菜,"他写道,"河鱼也可以吃到,相对于捕鱼,武士们更是狂热的狩猎者。"

纵观 700 年的武士统治史,内战,外战,无政府状态时期,稳定期和伟大的文艺复兴时期,武士饮食历久弥新,某些时候还要补充一些家禽和野猪——还聪明地将后者称为"山地鲸鱼",打擦边球那样去违反不许吃陆地动物的法规。

武士饮食持续给近百万计的武士阶层"充电"。只有少数武士是勇者,一些纯属是杀手,大多数是打着武士旗号经商,给自己捞油水。"他们就像黑手党,"武士学者光夫吴写道,"他们捍卫家族的权益、领地和战利品,但为荣誉而战的却很罕见。"

行为上,他们是终极的男权,其中一些人像巴御前那样残忍。他们言语粗暴,行为粗暴,吃东西也粗暴,席卷土地上一应食物,嚼野生坚果,用战斗头盔煮糙米饭。

他们甚至写东西也粗暴。一个12世纪的武士在日记中写道:"我驱策战马跳了悬崖,对敌时谁会在意死亡。甘愿冒着风浪危险,不关心身体是否会沉入海底,毁灭内心深处的妖魔鬼怪。我的枕头就是我的马具,武器就是我的职业。"

武士多多少少确实曾经打算统一日本,但是随着岁月流逝,他们渐渐成了茶道的狂热分子,艺术品收集者——以及声名狼藉的时尚达人。

假以时日,武士也变成了美食鉴赏家。在镰仓时期(1185—1333)的一幅卷轴画作中显示,坐着的一帮盔甲武士正在各自的桌上埋头苦吃着一碗碗堆积如山的米饭,旁边摆着好几道小菜,还有一杯清酒。1400年代,标准的武士结婚典礼上主要的特色菜是山药和味噌煮野鸡肉排,饰菜为碎海带。在江户时代(1603—1868),武士会带着新年贺礼盐渍三文鱼去至皇庭。

对许多武士来说,东京(那时叫江户)就是美食者的圣地麦加。

有个来自田边家的乡下武士叫原田,因为太热爱首都的美食了,所以写了一本美食指南《江户的骄傲》,用以服务其他武士。他对面馆和甜甜圈店大唱了赞歌。原田的指南始出现于18世纪中叶。

12 世纪到 18 世纪的日本武士餐饮习俗与我们现在认知的传统日餐极为接近——且接近 21 世纪的医生、科学家、营养师给出的建议。

劳伦斯·斯博灵博士，亚特兰大埃默里大学药学院主任，强调"传统的日本饮食与三大膳食十分接近，特别健康、可长期食用——地中海饮食、DASH 饮食以及狩猎采集者饮食"。另外，据纽约大学营养与食品研究所主席马里恩·耐思特尔教授所言："亚洲饮食符合每一条你能想到的有助慢性病的建议。其多样性和美味，根本就是营养学家的梦之饮食。"

虽然如此，还是得承认，几百年前，日本依然在传统的超级健康的饮食习惯上拐错了一个弯——在专享白米饭上调了个头。

由于某些原因，糙米在日本被踢出局。白米饭成为标准的餐食米，且一直延续至今天，即使专家们认为糙米更富营养。这一点可能会有所改变，因为更加注重健康的日本主妇们正在开始尝试吃糙米，并且调换成只吃糙米模式，虽然数量不多，但一直在增长。东京便利店里糙米产品的销量也在不断增长中，还出现了一些供应糙米的餐馆。

糙米的挑战

全谷物潮流一条道走到黑

2005 年美国饮食指南敦促大家多吃全谷物食品，包括提出直接食用糙皮的挑战："多食全谷物食品，用全谷物类产品替换掉精加工的产品——比如用全麦面包代替白面包，或者用糙米饭代替白米饭。做出改变来，试试糙米或者全麦意粉吧。"

有条现成的路可以走：两周的时间内，用糙米饭代替其他的选择，比如白面包，卷物，或者反脂重的松饼、点心；要么用包括糙米饭在内的早餐代替非全谷物的薄饼和华夫饼。那么待两周过去之后，问问自己感觉有多好。

我喜欢白米饭，它显然比众多别的食物更益于健康。但是，我更爱糙米——它们有嚼劲儿，综合多面，更有风味，更让人满足——要知道，它们比白米还要健康。几乎每一道菜和一碗糙米饭都是绝配。

武士餐购物清单

若你和你先生，或者伴侣准备好释放你们内里的巴御前和穿和服的汤姆·克鲁斯了，那么下面就是一些我最喜爱的武士餐，其中大多数食材你都可以在左近的超市中购买得到：

- 三文鱼
- 新鲜蔬菜，生吃稍稍煮一下
- 糙米
- 味噌汤（试试低钠的）
- 豆腐和大豆
- 新鲜水果
- 绿茶
- 栗子（也叫"胜利"，武士们战前会吃，期望带来好运）

12 条东京简便贴士

怎么开始像健康的日本女人那样生活

总结各种关于日本美食史的课程——还有我妈妈的东京厨房：

1. 实践"hara hachi bunme"——吃饭只吃八分饱。

2. 成为食量控制大师——装盛时使用小且精美的餐盘。

3. 吃和咀嚼时气定神闲，细致体味每一口食物。

4. 花一定时间去欣赏食物和其展示的美感。

5. 多吃鱼、新鲜蔬菜和水果——少食饱和脂肪和反式脂肪为主的食品。

6. 使用菜籽油或米糠油。

7. 给自己做一顿日本活力早餐：味噌汤和蔬菜，鸡蛋，豆腐。

8. 以蔬菜做主食，多多益善——红肉只做配菜，偶尔食之。

9. 用一碗短粒白米或糙米饭代替白面包、松饼和甜圈。

10. 用日本凉茶代替甜味苏打水。

11. 能走到哪儿就走到哪儿。

12. 记住，想要吃得好是身体健康的一个重要部分——做菜和享用一样有趣。

- 生活得更健康的额外红利贴士：少食盐，多食全谷物食品。

结　语
大食祭

或许吧，就在不远的将来，你会亲眼得见。

一个日本女人头戴黑羽装饰的皇冠，身着洁白礼服，慢慢走在通往神殿的木制小路上，前方是神职人员和随从们，携带着一篮篮祭祀用的鱼、大米和果品。

上千的高级官员们穿着朝服在近旁注视，仅能闻到重重的漆制木屐咔咔落在鹅卵石上的脚步声，以及在林间回荡的日本笛曲调。

历经1300余年却未曾改变过的神秘仪式——身着礼服的女人及她的随从将会消失于东京的皇宫内庭，在那里，她将开始一场大食祭典礼（也称Daijosai），这是成为日本君主的最后一个步骤，是地球上现存古老王室的化身。

日本近至18世纪时有过女天皇。"二战"后，日本立法机构阻止女性登基为王，但只是颁布新法，想逾越过允许女性继承人——像现在的小公主爱子（生于2001年）——将来成为天皇。

身戴着礼服和皇冠的日本女性将会进入某个房间，据传奇所言，那里有太阳女神天照大神的活灵，神话中的大和民族之母，以及创造稻米田地的耕种之灵。

这一仪式可追溯回日本君主制的开端，几乎与她的父亲、祖父和许多之前的先祖们进行的完全一样。

现在，仪式上只有两个护卫随从人员了，女皇会跪于象征着拥有太阳女神天照之神神灵的稻米草铺旁。

天照之神和女皇会在夜间恳谈，分享对天神赐予的粮米和米酒的感谢。

亘古不变的仪式生动地表现了富含营养的两大日本精华能量：食物的力量，以及女性的力量。

我做着梦。

沉浸于浓墨重彩的梦中情境。

伴随梦中的听觉、视觉而来的，是远处隐约传来的轻微声响。那是我老公在做早餐。在我们这个家，比利负责早饭，这样做有两个原因——一是我根本就起不来，二是他做的日式乡土早餐巨棒无比。

我迷糊地走到餐桌边上，看向窗外，早上的阳光挥洒在克莱斯勒和帝国大厦上，第二大道上车水马龙。

早餐端上桌来，冒着热气的味噌汤，满满的豆腐和蔬菜。

绝大多数食材都购自本地超市，只有一些蔬菜是自己种的——不产自纽约，这里我没有后院，是在威彻斯特的乡村，我婆婆玛丽露在那儿生活。

今年春天,玛丽露在她们村社区花园里得到了一块约 10 平方米的地方。一到星期六,我就早早起床,坐火车赶到威彻斯特去,跟她一块儿做活。到现在为止,我们已经种好了做沙拉的绿叶子菜,番茄,黄瓜,芜菁,还有 12 种从农贸市场买来的草本植物,包括罗勒,紫罗勒,百里香和牛至。还打算再种些刺儿李,覆盆子,韭菜和薄荷什么的。

因为有了种些在美国超市难以找到的日本蔬菜的想法,我还查了菜品的学名,还有一些是在加利福尼亚 Kitazawa 种子公司找着的——他们从 1917 年起就开始卖日本菜种子了。我疯狂订购了一大堆种子:日本葱、豆苗、茼蒿、芥末菠菜、紫苏和日本香叶。他们家甚至有 Hinona,一种带着绿叶的萝卜,我奶奶常用它来做我的心水沙拉。

想着我的园子,盯着碗里的味噌汤,深吸一口气,满腔尽是热热的浓香。

红彤彤的樱桃番茄和绿绿的豆子浮在表层。味噌的雾状混浊拥抱着它们。

搅着汤,能感觉到许多块状物,我想我看见了一些切碎的土豆、西兰花和白萝卜。

喝一小口。"呣——"其浓厚的原香能让人瞬间提神,效果比啜一口咖啡温和得多。

番茄吃上去甜甜的。舀起一大勺豆腐——比利把它们随便切成不规则的形状了,他管这叫弗兰克·盖里——灵感爆棚的构成。

"我喜欢豆腐的味道和质感。"不管我吃过多少遍这道菜,仍然忍不住如此惊叹。

然后会发现汤里还有比利煮好的蛋,他将蛋切成丝放进汤里。蛋黄是亮黄的,溏心部分总是煮得稍稍欠一点火可又不至于流淌,恰恰是我喜欢的程度。"棒极了!看!"我让比利看他煮的蛋黄,他一边笑一边搅着、轻啜他的汤。

"你用几分几秒能把鸡蛋煮得这么完美呢?"我问。

"那我可不告诉你,"比利答着,"这是厨子的绝密配方来着。"

"哇,太好吃了。"我惊叹道。现在的我充满力量,随时可以冲出门为新的一天冲锋陷阵。比利的味噌汤跟奶奶做的简直一模一样。

时至今日,从某种意义上说,我还不是日本料理的百分百铁杆拥护者。我对浓厚多汁的汉堡包、炸薯条充满渴望,并且仍然身体力行着。上一个情人节,比利和我乘地铁去了位于布鲁克林J大道的 Di Fara's 比萨店,贪婪地吃掉一整个铺满了新鲜奶酪的大比萨。时不时地,我还要拿一杯本&杰瑞的 Chunky Monkey 冰激凌吃吃。我还是会喝星巴克咖啡多过绿茶。

但这种吃东西的方式——以我们家的传统,其全天然的风味,原生态的健康吃法——会让我觉得特别快乐和幸福。

又一勺下去,吃掉一大口。

我想到生命中曾经去过的一些地方,想起曾经吃过的一些特别美味的食物——像在巴黎、罗马、葡萄牙、芝加哥、京都、香港、新奥尔良、三藩市、伦敦和爱尔兰乡间。

这一切全盘击中了我。

我竟无话可说。

我就在纽约市中心。

可我也在日本乡间的橘子丛林间徜徉。

我就在妈妈的东京厨房里。

索 引

我们与专家学者在电话和邮件采访中的某一些引用，虽出现在文中，但没有在下文中再次罗列。

对其他书籍和文章的引用，由 Kikkoman 集团出版的《饮食文化》和《饮食论坛》实为本书提供了丰富的历史知识源泉，特别是日本饮食学者 Zenjiro Watanabe 所写的论文。在东京都中心图书馆的特别图书部，我们也查阅到大量鲜见的日本烹饪书，最早的可回溯到 1600 年代。

在这些珍贵的史籍中，我们参考了如下书目：Dennis Hirota 编著的《林间的风：禅道中的茶经》(弗莱蒙，克利夫：亚洲人出版社，1995)；Yuko Fujita，《日餐食谱》(东京：Navi 国际，2004)；Emi Kazuko，《日本厨房》(伦敦：Southwater，2002)；路易·弗雷德里克，《武士时代的日本日常生活》，据艾琳 M. 罗威的译本（伦敦：乔治·艾伦和尤温，1972）；以及 Heihachi Tanaka 和贝蒂·尼古拉斯合著的《日本烹饪乐趣》(恩格尔伍德·克里夫斯，N.J.：普伦蒂斯厅，1963)。

参考信息

日餐食材和餐具

许多外国超市现在都卖日本食品和食材，无论亚洲食品专区还是四处分散的摆在店里。对于比较不常见的日本食材，最好的去处是当地的日本店或亚洲食品杂货店。一些专卖纯天然或健康食品的店铺日本货常常也有的卖。

http://www.ypj.com/en/

想知道自己家附近有没有日本店，就登录这个"日本之于美国黄页"的英文网站，键入"市场"这一关键词，然后再选择你所在的城市和州即可。

下列网站资源旨在日餐食材、日式炊具和餐具。

http://www.amazon.com

http://www.froogle.com

http://www.shopping.yahoo.com

这些购物路径可通往更广泛的网络资源。只需打上那么几个自己需要的关键词就好了。

http://www.edenfoods.com/store/

此为一站式购物网站，可以满足日本家庭烹饪所需的各种基本食材，像味噌、鲣鱼薄片、乌冬、海苔之类。点击"日本土产"类项。

http://www.katagiri.com

katagiri and Company, Inc.

224 East 59 Street

New York, NY 10022

电话：212-755-3566

此公司有实体店及各种日本食材的在线目录列表，当然也有厨具和餐具，包括市面上比较鲜见的物件。该网站使用起来并不那么简单，但真的值得努努力试一试，因为它家的东西是真心多啊。看看"Mail Order Catalog"部分，那里"日本杂货"和"日本礼物"应有尽有。

http://www.harney.com/index.html

http://www.itoen.com

购买日本茶的网站。

关于健康，营养，运动健身和肥胖的信息

世界健康组织世界健康报告 2005

http://www.who.int/whr/2005_en.pdf

国际肥胖任务小组

http://www.iotf.org/

美国农业部（USDA）我的金字塔，2005

http://www.mypyramid.gov

美国对美国人民的饮食指南，2005

http://www.healthierus.gov/dietarygidelines/

美国政府食品与营养信息

http://www.mutrition.gov

身高体重指数（BMI）计算

http://www.cdc.gov/needphp/dnpa/bmi/calc-bmi.htm

哈佛大学公共健康饮食金字塔

http://www.hsph.harvard.edu/nutritionsource/pyramids.html

国家心、肺及血压研究所抑制高血压饮食（DASH）网站

http://www.nhlbi.nih.gov/health/public/heart/hbp/dash/index.htm

美国心脏病研究协会为健康美国人提供的健康饮食建议

http://www.americanheart.org/presenter.jhtml?identifier=1088

运动健身及儿童肥胖症

http://www.shapeup.org/

海产品安全网站

http://www.cfsan.fda.gov/seafood1.html

http://www.oceansalive.org/go/seafood

对公众所关注的热点提供科学报告的中心网站

关于三文鱼的：

http://www.cspinet.org/nah/06_04/farmedsalmon.pdf

关于钠（盐）的：

http://www.cspinet.org/salt/saltreport.pdf

特定食物的营养成分的：

http://www.nal.usda.gov/fnic/foodcomp/

食品标签上的健康（营养）说明指标的：

http://www.cescan.fda.gov/～dms/lab-qhc.html

奥威斯保护及交换信托基金（关于食品中存在的争议智库）

http://www.oldwayspt.org/

本书网站

http://www.japanesewomendontgetoldorfat.com

菜谱索引

白萝卜豆腐味噌汤　　161

菠菜配鲣鱼薄片　　28

炒时蔬　　135

东京沙拉　　142

东京炸鸡　　96

短颈蛤蜊味噌汤　　119

炖多汁豆腐　　101

烘烤白芝麻　　95

鸡肉和鸡蛋盖饭　　149

煎大西洋青花鱼　　33

金平（Kinpira）——牛蒡炒胡萝卜　　140

冷荞麦面　　170

凉拌豆腐、香葱、刨鲣鱼薄片　　41

冷大麦茶　　181

胡萝卜炖豆腐　　20

美味的夏日毛豆　　163

奈保美的日式煎饺　138

牛肉盖饭　152

泡日本茶　180

切干大根（白萝卜）配香菇豆腐　136

日本乡间能量早餐　47

日式蛋卷　172

日式米饭　45

日式自在美食：饭团　150

三文鱼毛豆饼　121

豌豆白萝卜蛋汤　81

完美荞麦面　169

味噌烧茄子　86

鲜虾蔬菜天妇罗　123

香菇豆腐清汤　160

烟熏三文鱼卷包紫苏贝牙菜　120

羊栖菜、海菜煎豆腐　93

亿利亿利喷喷　59

鱼汤　44

照烧鱼　125

芝麻菠菜　134

致　谢

我们要感谢妈妈千鹤子，还有爸爸森山镇雄，向他们致以无尽的祝福——特别是与我们分享了回忆、想法，以及家常饭菜的配方。

我们要感谢梅尔·博格，我们超级能干的威廉·莫里斯出版公司代理，了不起的编辑柏斯·若什鲍姆和欧文·阿普鲍姆，尼塔·陶伯力博，鲍伯·博格，保罗·派珀，梅根·柯南，格伦·爱德尔斯坦，以及矮脚鸡出版社的凯丽·希恩。还有我们的图书编辑特伦特·达菲。让人喝彩的美食作家维多利亚·阿伯特·里卡迪在菜谱和食材方面给予了我们巨大的帮助。

最感激的是那些科学家和博士们，乐于与我们分享他们的观点，特别是哈佛医学院的鲁道夫 E. 坦兹博士，纽卡斯尔大学的汤姆·柯克伍德教授，法国国家科学研究中心的米歇尔·德·劳格瑞尔博士，雅典大学医学院的安东尼亚·Trichopoulou，埃默里大学医学院的劳伦斯·斯伯灵博士，马里兰医学中心罗伯特·沃格尔博士，德州西南医学中心杰瑞·谢伊教授，澳大利亚肥胖症研究学会伯伊德·斯温伯恩教授，澳大利亚健康研究学院孟席思学校的柯林·欧迪教授，宾夕法尼亚州立大学的罗杰·麦卡特教授，科罗拉多州立大学的劳伦·卡尔戴恩教授，斯坦福大学医学院沃尔特·波尔兹博士，塔夫茨大学医学院恩内斯特 J. 谢弗博士，日本肥胖症研究协会坂田利家博士，大阪住友医院松泽雄二博士，京都初级预防心血管疾病国际研究中心的谷森由纪夫博士，纽约大学马瑞恩·奈斯托教授佩德罗·考夫曼博士，佛罗里达医学院克里斯蒂安·李文巴勒教授，英格兰南安普顿大学医学院菲利浦 C. 柯德尔教授，预防医学研究院迪安·欧内什博士。列出上述人员所在机构名称旨在厘清。

我们要感谢《吃不胖的法国女人》的作者米雷耶·古利雅诺，因其书名感才有了我们这本书的标题。还要感谢马里罗·道易尔，恩里克·卢普伐，若菲拉·德·安格尔里斯，纽约公共图书馆的韦恩·弗尔曼，中村至功，美纪，一守，一美和亚也加和子，森山家和西都家的每一位成员；艾丽丝·德增；茱迪·埃尔德雷奇，苏姗·朴雷格曼；奥威斯保护信托基金的萨拉·贝儿-辛诺特和珀斯·克鲁兹；约瑟夫和凯特·胡珀；稻富贤治；卡塔齐娜·威尔特加教授；大卫·斯达尔；丹尼尔·罗斯布兰姆，克里斯托弗·巴斯顿，和纽约日本协会的萨萨玲子；以及所有东京大都会中心图书馆特别阅览室的全体员工。

关于作者

森山奈保美生在东京、长在东京，孩提时代的夏天通常都是在日本乡村——她祖父母家的山地农场度过的，吃的是才从树上现采的柑橘和家里的园子现摘的新鲜蔬菜。

她去美国伊利诺伊读书时，天天吃比萨、甜饼干，所以在那里足足重了22斤……直到她重返日本，再度发现她妈妈千鹤子东京厨房的秘密。

她20来岁的时候搬到纽约生活了，成为格雷广告对宝洁公司的业务经理，然后成为美国家庭影院频道（Home Box Office）的市场总监。

作为美—日市场顾问，她处理着世界上顶尖的时尚、奢华和各种大牌及对冲基金公司的业务。

3年前，她42岁，但仍在纽约的酒品店被要求出示身份证以资证明她年满21岁，可以饮酒了。

奈保美与她的丈夫威廉·道尔（也是本书的联合作者）一起住在曼哈顿，他们俩一年总要回到东京她妈妈的厨房好几次。这是她的处女作。

威廉·道尔是《在椭圆形办公室里：从联邦调查局的白宫录音带到克林顿》一书的作者，本书荣获《纽约时报》1999年重要选书（Notable Book），著有《一个美国人的起义：詹姆斯·梅雷迪斯和密西西比牛津的战斗》（*An American Insurrection: James Meredith and the Battle of Oxford, Mississippi, 1962*），在2002年赢得美国律师协会与美国图书馆学会的图书大奖。

2004年他与伦敦警队高级警官约翰·沙福德（John Shatford）合作出版了《圆顶攻略：苏格兰场如何挫败最完美的劫案》（*Dome Raiders: How Scotland Yard foiled the Greatest Robbery of all Time*）。1998年他在A&E Network制作的特别节目"解密白宫录音带"（"The Secret White House Tapes"）获得美国作家协会的最佳电视纪录片奖，同时，他也是纽约HBO的原创类节目制作人。

他出生在纽约，足迹行遍日本。